KB157349

유아 하브루타 대화법

유아 하브루타 대화법

초판 1쇄 발행 : 2021년 01월 05일
초판 2쇄 발행 : 2021년 10월 30일

지은이 양정연
펴낸이 인창수
펴낸곳 태인문화사
신고번호 제2021-000142호(1994년 4월 12일)
주 소 경기도 파주시 탄현면 참매미길 234-14, 1403호
전 화 031) 943-5736
팩 스 031) 944-5736
이메일 taeinbooks@naver.com

ISBN 978-89-85817-87-5 (03590)

이 도서의 국립중앙도서관 출판예정도서목록(CIP)은 서지정보유통지원시스템 홈페이지(http://seoji.nl.go.kr)와 국가자료종합목록 구축시스템(http://kolis-net.nl.go.kr)에서 이용하실 수 있습니다.
(CIP제어번호 : CIP2020053154)

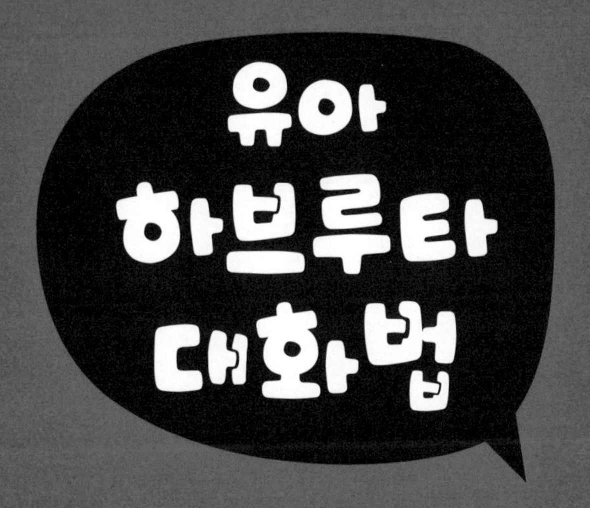

유아 하브루타 대화법

양정연 지음

태인문화사

| 추천사 1 |

하브루타는 일상의 삶이요, 문화다

가히 열풍이라고 할 만큼 하브루타에 대한 교육계의 반응이 뜨겁습니다. 주입식, 암기식 교육의 한계를 극복할 대안으로 받아들여지고 있습니다.

그러나 하브루타를 교육 방법, 특히 질문을 통한 수업 양식으로 인식하는 것이 타당한지 의문입니다. 다양한 교육법 중 한 갈래라면, 또 다른 한계와 직면하게 되리라는 염려를 떨칠 수 없습니다. 방법은 시대 흐름에 따라 변하기 마련입니다. 그러므로 교육의 목적과 가치에 닿아 있지 않다면, 하브루타 역시 한때의 유행으로 사라지고 말 터입니다.

하브루타는 과연 교육 방법에 불과한가?

저자는 교육 현장에서, 가정에서 오랫동안 하브루타를 실천하며 마침내 답을 찾았습니다.

'하브루타는 일상의 삶이요, 문화로 받아들여져야 한다. 그때 비로소 참된 교육적 가치도 실현할 수 있으며, 아이의 삶에 전인격적 변화를 기대할 수 있다.'

이 책을 관통하고 있는 저자의 교육 정신입니다.

저자는 하브루타를 단순히 교육법으로 이해하지 않습니다. 어느 한 영역이 아닌, 전체를 아우를 양육의 마음가짐과 태도로서 하브루타를 기술하고 있습니다. '하브루타가 답이다'라고 선언하는 이유이기도 합니다.

부디 독자들이 이 책을 통해 하브루타의 진정한 의미와 가치를 맛보길 바랍니다.

《가시고기》의 저자 조창인

| 추천사 2 |

하브루타의 실천으로 받는 축복은
가정의 평안과 행복입니다

행복한 가정 생활과 성공적인 사회 생활을 위해 원활한 의사소통은 필수적입니다. 유대인들이 전 세계에서 성공하는 이유 중의 하나가 어려서부터 하브루타로 대화하는 습관이 몸에 배어 있기 때문이라고 생각합니다. 아이들을 소통의 전문가로 키웁니다. 가정의 하브루타가 중요한 이유 중 하나입니다.

이 책은 하브루타 대화를 통한 소통과 공감의 중요성을 다루고 있습니다. 교육 현장과 일상 생활에서 하브루타를 진행하며 경험했던 이야기들을 진솔하게 담았습니다. 저자는 여느 사람들과 똑같이 살아가는 평범한 사람입니다. 그래서 그의 이야기는 낯설지 않고 쉽게 이해가 됩니다. 모두 우리 마음에 와닿는 이야기들입니다.

저자는 교육 현장에서 하브루타의 실천을 통해 아이들과 공감하며, 교사와 아이들이 함께 배워간다는 하브루타의 원리를 깨달았습니다. 그 결과 아이들의 세계를 이해하게 되었고, 가정에서 하브루타를 실천하면서 부모들의 고민을 해결하는 방법도 찾았습니다. 유아들의 모든 문제는 하브루타 대화를 통해 해결할 수 있다는 것이 저자의 결론입니다.

하브루타는 아이들을 어른과 같이 인격적으로 존중합니다. 아이들을 사랑하고 깊은 관심을 가져야 실천할 수 있습니다. 예수님도 아이들을 인격적으로 대하시며, 어린아이와 같아야 하늘나라에 들어갈 수 있다고 어른들에게 경고하셨습니다.

하브루타의 실천으로 받는 축복은 가정의 평안과 행복입니다. 그리고 덤으로 아이들의 인성이 좋아지고, 창의성이 향상된다는 것입니다. 이 책은 가정에서 학교에서 유아들과 하브루타로 대화하고 공감하려는 엄마와 교사들에게 큰 도움을 주리라 확신합니다.

저자의 이야기를 통하여 우리나라에 하브루타가 널리 보급되기를 바랍니다. 각 가정에서도 하브루타의 실천으로 엄마와 아이들이 함께 성장하고 더욱 행복했으면 하는 마음으로, 이 책을 강력하게 추천합니다.

봉일천장로교회 담임목사 김용관

| 프롤로그 |

사례 중심의 유아 하브루타 대화법

1

나는 아이들을 행복하게 하는 교사인가?

나는 올바른 교육을 하고 있는가?

내가 실천하는 교육 방법이 아이들에게 맞는가?

무엇을 어떻게 가르쳐야 아이들이 목표를 이룰 수 있을까?

교육자의 한 사람으로 나에게 던지는 질문이자, 교육자로서 평생 궁리할 과제이다.

유아교육은 아이들이 꿈을 이루어 가도록 기초를 튼튼하게 다져야 한다. 어려서의 습관이 평생을 좌우하기 때문이다. 올곧은 가르침은 아이들을 참되고 바르게 성장하도록 이끈다.

그러나 아이들 교육이 계획한 만큼의 성과를 거두기는 어렵다. 아무리 좋은 계획을 세우고 완벽하게 실천해도 유치원 교육의 한계는 있다. 유아교사로서 교육 현장의 꽉 짜인 프로그램을 따르기보다, 한계를 뛰어넘어 나의 교육 철학에 맞는 교육을 하고 싶은 마음이 생긴다.

'생각이 간절하면 길이 보인다'고 했다. 유아교육 연수를 통하여 하브루타(havruta)와 만났다. 교직 생활 12년 차에 교육관을 새롭게 정립하는 전환점을 찾았다.

하브루타는 아이들에게 지식을 가르치려고 노력하던 나에게, '교사는 아이들과의 공감을 통해 함께 배워간다'라는 사실을 깨닫게 해주었다.

유아들과 대화조차 어려운데, 어떻게 공감할 수 있을까?

하브루타에 관심을 두고 계속 공부하며, 배운 것을 교육 현장에 하나둘 적용하기 시작했다. 하브루타를 통해 문제를 해결하는 동안 공감대화의 힘을 느낄 수 있었다. 아이들 마음에 공감하다보니 아이들과 지내는 일이 즐거웠다.

아이들의 세계를 알아가고 부모들의 고민을 이해하면서 유치원 교사로서 활력을 되찾았다.

지금은 부모, 교사들에게 적극적으로 하브루타를 권하고 있다. 부모 교육, 교사 연수를 할 때도 하브루타를 활용하여 아이들과 상호작용하는 방법을 안내하고 있다. 이 책도 그런 목적으로 쓰기 시작한 것이다.

더불어 '유아 공감 하브루타' 블로그를 운영하며 하브루타 현장 경험을 널리 공유하고 있다.

2

하브루타는 이스라엘 민족의 문화와 종교에 뿌리를 두고 있다.

유대교는 배타적이고 원칙을 중요시하는 종교로 알려져있다. 그러다 보니 다른 종교적 배경을 가진 곳에서 이스라엘의 하브루타를 적용할 수 있는지 의문이 들기도 했다.

시간이 지나면서 쓸데없는 걱정임을 깨닫게 되었다. 하브루타를 도입하는 데 걸림돌이 되는 것은 종교적 배경이 아니었다. 오히려 질문과 토론에 대한 바른 관점을 갖추지 못한 우리나라 문화가 돌담처럼 느껴졌다.

어린이를 인격적으로 대하지 않는 문화. 아이들의 호기심 어린 질문을 무시하는 문화. 아이들이 자신의 의견을 말하면 따지는 것으로 받아들이는 문화. 어른들의 말에 '예'라고 대답하지 않으면 고분고분하지 않은 불량 학생으로 취급하는 문화.

이런 풍토 안에서 아이들의 질문을 존중해주고, 아이들과도 진지하게 토론할 수 있는 문화의 필요성을 절감했다.

토론이 제대로 이루어지지 못하는 문화 속에서 어린 시절을 보낸 청소년들에게는 문제가 발생한다. 아무런 생각 없이 질문을 던지고, 상대방의 의견을 듣지 않는 태도, 자신의 발언에 대해 책임감을 느끼지 못하는 모습을 엿볼 수 있다. '아니면 말고'라는 생각으로 말하는 태도에서 상대방에 대한 배려를 찾아볼 수 없다.

어른이 되어서도 반대하는 이유조차 밝히지 않고 '반대를 위한 반대'를 하는 사람들도 있다. 이런 태도는 공동체를 분열시키고 발전을 가로막는 요인이 된다.

자기 질문에 대해서 책임질 수 있어야 하고, 반대 의견을 경청할 수 있는 토론문화의 형성이 절실하다. 하브루타의 필요성은 아무리 강조해도 지나치지 않다.

3

하브루타의 원리는 짝을 이루어 서로 질문하고 답변하며 깊이를 더해가는 것이다.

대개 두 사람이 한 조가 되어 본문을 분석하고, 질문과 대답, 심화 질문을 통해 토론과 논쟁을 한다. 보통은 지식과 이해력이 비슷한 파트너가 짝을 이루어 학습하지만, 유아 시기의 짝은 부모나 교사가 되어야 한다. 아이들끼리는 의미 있는 토론이 이루어지기 어렵기 때문이다.

하브루타는 이스라엘의 예시바라는 교육기관에서 탈무드를 연구하는 방법으로 활용해왔지만, 지금은 가정, 직장, 야영장 등 장소를 가리지 않고 어른, 아이 할 것 없이 하브루타 스타일로 짝을 지어 토론하고 학습하기도 한다.

어떻게 하브루타 대화를 실천할 수 있을까. 실제 상황에 적용하기 어려운 이론은 아닐까. 아이들에게 잘못 적용하면 효과가 없고 부작용만 생기는 것은 아닐까.

그런 걱정은 할 필요가 없다. 하브루타는 전문적인 지식이나 특별한 기술이 필요한 것이 아니다. 하브루타의 실천 자세는 존중, 배려, 경청이다. 그러한 마음가짐만 있으면 된다.

아이들을 존중하고 사랑하는 마음으로 일상의 대화처럼 편하게 접근하면 된다. 상대방의 눈동자에 비친 눈부처를 바라보고 서로의 말에 귀 기울이다 보면 마음이 열리게 된다.

일단 아이들과 공감하겠다는 마음으로 대화를 시작하라.

하브루타는 아이들과 소통하고 싶다는 의사 표현이다. 마주 앉아 눈을 보며 진지하게 대화하는 자세만으로도 아이들의 마음이 열릴 것이다.

아이와의 공감은 선택할 수 있는 하나의 대안이 아니라, 아이들 성장의 필수 요소이다. 아이들과의 대화를 통해 발전해 가는 자신의 모습에 먼저 놀랄 것이다.

하브루타의 다른 장점은 사고력을 높이는 데 목적을 둔 대화라는 점이다.

그러기 위해 틀린 답이라도 정답을 알려주지 않고, 다시 생각을 이끄는 질문을 해야 한다. 어떤 대답을 하더라도 수용적인 태도를 보여야 한다. 어른이 결론을 내리는 것이 아니라, 아이가 생각하고 판단하고 결정하고 행동하게 돕는다. 암기할 필요가 없고 정답을 찾지 않아도 되니, 자연스럽게 아이들이 창의적으로 생각하게 된다.

4

하브루타 대화의 중심은 유아가 되어야 한다.

아이들의 잠재적인 능력을 존중해주자. 부모의 일방적 지시나 명령이 아니라, 아이와 대등한 관계로 존중의 대화를 하자. 아이의 눈높이에 맞는 대화로 주제에 접근하여, 스스로 탐색하고 판단할 수 있는 능력을 길러주어야 한다.

아이들을 무시하는 태도를 근본적으로 바꾸어야 한다. '애들이 뭘 알겠어'라고 아이들의 의견을 무시하거나, '애들이 그렇지'라고 아이들의 잘못을 눈감아주는 태도도 고쳐야 한다. 아이들도 알 것은 알고 판단 능력도 있다.

어른에게 무시당하며 성장한 아이는 개인의 성향에 따라 무조건

반항적이거나 생각 없이 복종하는 극단의 부정적 양상을 보인다. 다른 사람의 감정을 이해하지 못하는 공감장애가 생길 수도 있다.

어린이를 무시하지 않고 인격적으로 대하는 태도를 갖추려면 인식의 전환이 필요하다.

부모가 자녀를 소유의 개념으로 보는 인식도 큰 걸림돌이다. 딸 '가진' 부모, 딸을 '준다'라는 등의 표현은 자녀에 대한 소유 의식이 깊이 뿌리내리고 있다는 증거이다. 내 아이니까 내 마음대로 해도 된다는 생각부터 고쳐야 한다.

아이의 권리를 보장하고 아이도 책임감을 느끼도록 하자. 아이들을 당당한 사회의 일원으로 대해야 한다. 그것이 하브루타의 정신이다.

5

인성이 바른 아이, 사회성이 좋은 아이로 자라기를 원하는가. 창의성이 뛰어난 아이로 성장하기를 바라는가. 아이와 하브루타를 하라.

하브루타는 바른 인성을 요구한다. 존중, 배려, 관심, 사랑, 정직, 책임감 등 바람직한 인성은 하브루타 과정에서 어른들의 말과 행동을 보고 따라하면서 갖추어진다.

무엇보다 인성이 먼저다. 하브루타는 바람직한 인성의 바탕 위에서 이루어진다.

사회성은 상대방에 대한 존중, 배려, 공감, 책임감을 통해서 향상된다. 짝과 토론하는 하브루타 과정을 통하여 자연스럽게 사회성이 길러진다.

인성과 사회성은 공감능력과 밀접한 연관이 있다. 존중받은 아이의 공감능력은 높다. 하브루타 대화는 아이들의 공감능력을 키워준다.

창의성은 주입식, 암기식 교육으로는 길러지지 않는다. 하브루타의 질문과 대화, 토론과 논쟁을 통하여 사고력이 향상된다.

하브루타에서 생각하게 하는 질문은 창의적 사고 능력뿐만 아니라 문제해결능력, 비판적 사고력도 높여준다. 하브루타는 끊임없는 대화를 통해 스스로 생각하는 힘을 기르게 하고 자연스레 창의성을 높여준다.

6

하브루타는 가정에서 먼저 이루어져야 한다.

부모는 아이들의 가장 좋은 교사이다. 성경에도 '자녀를 화나게 하지 말고, 주의 교양과 훈계로 양육하라'고 하였다. 부모에게 올바른 양육의 책임이 부여되었다.

주목할 바는, 교양과 훈계에 앞서 '화나게 하지 말아야 한다'라는 조건부터 거론하고 있다는 점이다. 양육이 제대로 이루어지기 위해서는 아이의 감정 상태가 중요하다는 말이다.

아이들은 감정이 상하면 부모의 가르침이라도 받아들이지 못한다. 교훈보다 감정이 먼저이기 때문이다. 하브루타의 정신과 일치한다.

자기심리학(Self psychology)의 창시자 하인츠 코후트(Heinz Kohut)는 "아이의 기분을 존중해주고 공감해주는 부모의 태도는 아이가 나중에 어떤 유형의 성인이 되느냐 하는 문제에 대단히 중요한 영향을 미친다"라고 했다.

유아교육 현장에서 보면 아이들은 부모의 거울이다. 외모뿐만 아니라 걸음걸이부터 식습관, 잠자는 모습, 말투, 생각까지 모든 면에서 부모를 닮아간다.

가정에서 충분히 공감을 받은 아이는 명랑하고 활발하다. 유치원에서도 선생님에게 인정받고 또래 친구들과의 관계도 원만하다.

안타까운 것은 부모의 상처가 고스란히 배어 있는 아이들이다. 가정에서 공감받지 못한 아이는 유치원에 와서 그 욕구불만을 해소한다. 선생님이나 또래 친구들을 힘들게 한다.

가정의 협조가 없으면 아이들의 교육은 성공할 수 없다. 교육기관에 아이들을 온전히 맡기고 방관하는 것은, 아이들의 올바른 성장에 대한 부모의 책임을 회피하는 것이다.

가정의 하브루타가 무엇보다 중요하다. 사랑받고 존중받는 자녀로 키우고 싶다면, 가정에서 하브루타를 실천하기 바란다. 하브루타는 아이를 행복하게 한다.

7

나는 집에서도 기회가 있을 때마다 아이들과 하브루타 대화를 한다. 책이나 주제를 가지고 대화할 때도 있고, 아이들 행동에 문제가 있을 때도 대화를 한다. 별 주제가 없으면 서로 주제를 제시하여 대화를 나누기도 한다. 아이들이 하브루타를 제안해 올 때도 있다.

어느 날 큰딸 세연이가 구름의 색깔이 왜 다른지 물어보았다. 엄마도 모르는 것이 많다. 아이들 앞이라고 모르는 사실을 아는 체 하지 말자. 잘 모르는 사실이라 조금 당황했지만, 함께 찾아볼 것을 제안했다.

아이들 스스로 열심히 검색해보더니, 새롭게 알게 된 사실을 나름대로 정리하여 나에게 신나게 설명해주었다. 그런 딸들의 모습에서 하브루타가 주는 즐거움을 맛보았다.

하브루타를 하면서 아이들이 밝아지고 당당하게 자기 생각을 말하게 되었다. 소심해서 속으로만 끙끙 앓던 세연이가, 자기에게 불쾌하게 행동한 남학생의 사과를 받아냈다. 하브루타를 실천한 엄마의 태도가 아이들을 한 뼘 성장케 하였다.

하브루타를 시작하고 나서 귀찮은 일도 생겼다. 아이들 생각의 폭이 넓어지고 엄마에게 질문하는 일이 많아졌다. 제법 논리를 갖추어 반박하고, 나의 대답에 대하여 깊이 있는 추가 질문도 한다. 집안에 시어머니 둘이 생긴 것 같다.

8

오직 하브루타에 이끌려 여기까지 온 느낌이다.

여기에는 수년간 내가 겪은 하브루타 경험을 자세히 적었다. 부모, 교사들이 아이들과의 일상 생활에서 하브루타로 대화하기를 권장하는 마음으로 이 책을 썼다. 현장에서 실제 일어난 일들을 사례 중심으로 정리하여 비슷한 상황에 즉시 적용할 수 있게 하였다.

이 책에 나오는 사례는 각각 독립된 이야기이다. 하브루타를 통해 부모와 자녀, 교사와 아이들 사이에 이루어지는 대화와 공감의 문제를 다루었다. 아이들의 감정을 보듬어주고 마음을 열게 한 사례들을 자세히 소개하였다. 필자가 겪은 실제 상황을 읽으며 현장감을 느끼기 바란다. 구체적 해결 과정이나 제시된 방법을 꼼꼼히 확인하는 것도 도움이 된다.

한 꼭지씩 읽다 보면 '하브루타가 이렇게 쉬운 것인데 너무 어렵게 생각했구나'라는 생각이 들 것이다. 시작이 어려울 뿐이다. 구체적으로 제시된 방법에 따라 실천하다 보면 그 효과를 금방 확인할 수 있다.

이 책의 출간으로 더 많은 사람이 하브루타를 실천하는 계기가 되기 바란다. 또 유아교육 현장에서 아이들과 함께 울고 웃는 교사들의 마음도 부모와 같다는 것을 알아주었으면 좋겠다. 부모들이 교육을 신뢰하고, 현장의 교사들을 응원해주기 바라는 마음도 담았다.

이 글을 쓸 수 있도록 힘과 지혜를 주신 하나님께 영광을 돌린다. 오랜 기간 꼼꼼하게 지도해주신《가시고기》조창인 작가님, 세상에 선한 영향력을 행사할 수 있는 책이라며 흔쾌히 출간을 도와주신 태인문화사 인창수 대표님, 교사에게 하브루타 정신이 꼭 필요하다고 하시고 이 책을 추천하며 축복해주신 봉일천장로교회 김용관 목사님께 깊이 감사한다.

교육 현장에서 어려움과 즐거움을 같이 나누는 동료 교사들, 엄마를 묵묵히 지켜보고 기다려준 의젓한 큰딸 세연이, 엄마를 믿고 따르는 작은딸 주아에게 사랑한다는 말과 고마움을 전한다.

2020년 10월

유치원 현장에서 양 정 연

차 례

1부

질문의 대화

아이의 행동을 바꾸는 질문의 기술

아이들의 꿈은 언제나 바뀔 수 있다.
부모의 마음에 드는 꿈이 아니더라도
아이를 응원해주어야 한다.
풍부한 경험을 통해 아이들의 꿈은 한껏 성장한다.

01
질문에도 순서가 있어요

교실을 순회하다 말 많고 탈 많은 6세 교실을 노크하였다. 늘 크고 작은 문제로 시끄러운 반이라 요즈음 아이들이 조용하게 지내는지 궁금했다. 담임 선생님과 눈이 마주쳤지만, 아이들은 내가 교실에 들어온 줄도 모르고 놀이에 집중하고 있었다.

아현이가 집에서 반지를 가져왔다. 반지를 잠시 책상에 올려놓았는데, 웬일인지 그 반지가 민서 손에 들려있었다. 아현이가 자기 반지를 달라고 말해도 민서는 돌려주지 않고 머뭇거렸다. 둘이 옥신각신하자 담임 선생님이 중재에 나섰다.

"민서야, 그 반지 아현이 거야. 얼른 돌려줘."

"나 반지 가방에 안 넣었어요."

"그래. 가방에 넣지 않고 손에 들고 있잖아. 빨리 아현이에게 돌려줘."

"나 반지 가방에 안 넣었는데, 왜 그래요?"

민서는 같은 말을 반복하며 화를 냈다. 뻔한 사실이고 민서가 말귀를 못 알아듣는 아이도 아닌데, 왜 질문에 맞지도 않는 황당한 대답을 하며 고집을 부리고 있을까. 민서는 무엇 때문에 선생님에게 화를 냈을까.

이 상황을 전해 들으며 나는 민서와 담임 선생님의 의사소통에 문제가 있음을 직감했다.

"선생님, 질문에도 순서가 있어요."

"제 질문에 문제가 있다고요?"

"나는 민서 손에 왜 아현이 반지가 있었는지 궁금한데요?"

"저도 그게 궁금하기는 했어요."

"그럼 그것부터 차근차근 물어봤어야죠."

아이들과 대화하려면 질문하는 순서가 중요하다. 어떤 사실이나 상황 파악을 위한 질문에 감정이 섞이지 말아야 한다. 말하는 태도나 단어 사용에도 유의해야 한다. 아이에게 딱딱한 단어를 사용하거나 공격적으로 질문하면 아이는 마음을 닫는다.

"민서야, 혹시 책상 위에 있던 반지 보았니?"

"네."

"지금 어디에 있을까?"

"여기 있어요."

"왜 가지고 있었어?"

"저기 있길래 어떤 건지 보려고요."

"그거 아현이가 찾고 있는데, 돌려줄 수 있어?"

아이들에게 질문할 때는 차근차근 묻고, 솔직하게 대답할 수 있도록 기회를 주어야 한다. "그 반지 아현이 거야"라는 말처럼 결과를 미리 이야기하지 않도록 주의해야 하고 아이 스스로 사실을 말할 수 있도록 순서대로 질문해야 한다.

반지를 본 적이 있는지, 어디서 보았는지, 가지고 있다면 가져간 이유가 무엇인지, 돌려줄 수 있는지를 질문으로 대화해야 한다.

다짜고짜 추궁하듯 물어보는 질문은 아이의 감정을 상하게 한다. 아이의 마음에 상처가 남지 않도록 주의를 기울여야 한다. 선생님이 처음부터 '남의 물건이니 돌려줘'라고 말하면, 아이는 '왜 남의 물건 가져갔니?'라는 말로 인식한다.

아이는 훔치지 않았다는 의미로 '반지를 가방에 넣지 않았다'라고 대답했다. 자기 가방에 넣어야 몰래 가져가려는 의도가 있는 것으로 생각했다.

질문에도 순서가 있다. 전성수 교수의 질문 수업 모형을 토대로 아이들과 하브루타 대화를 할 때 순서대로 질문하는 방법을 제시한다.

첫째, 마음을 부드럽게 만들고 관계를 형성하는 도입 하브루타 단계이다.

아이들과 본격적인 대화를 시작하기 전에 어색한 분위기나 긴장된 마음을 풀어주기 위해 꼭 필요하다. 관계 형성을 위해 안부를 묻고 마음을 여는 '질문하기'이다.

"오늘 기분이 어때?"

"아침 먹고 왔니?"

"선생님하고 데이트할까?"

둘째, 내용을 파악하기 위한 사실 하브루타 단계이다.

일어난 사건에 대해 육하원칙에 따라 물어본다. 사실이나 내용을 정확하게 알아야 다음 질문으로 문제를 해결할 수 있기 때문이다.

"누구랑 있었던 일이니?"

"언제부터 다투게 되었어?"

"어디에서 이런 일이 생겼니?"

"무엇을 하다가 이렇게 되었지?"

"어떻게 이 일을 해결할 수 있을까?"

"왜 이런 일이 일어났다고 생각해?"

차근차근 질문하다 보면 사실관계를 파악하기 쉽다. 아이들 사이에 어떤 이유로 사건이 일어났는지 이해할 수 있다. 부모, 교사가 먼저 내용을 정확하게 알아야 다음 단계의 질문으로 나아갈 수 있다.

셋째, 상대방의 마음, 생각, 감정을 물어보는 심화 하브루타 단계이다.

심화 하브루타는 공감 하브루타의 꽃이라 할 수 있다. 나의 마음과 너의 마음을 서로 알아가는 단계이다. 다른 사람의 입장에 서서 생각하도록 하는 역지사지 하브루타이다.

"그때 너의 마음은 어땠어?"

"네 기분을 날씨로 말해줄 수 있니?"

"네가 그 친구였다면 어떤 기분이었을까?"

"만약 친구가 나였다면 어떻게 했을까?"

아이들은 공감능력이 부족하다. 콕 집어서 말하지 않으면 상대방의 기분을 알아차리지 못한다. 상대방의 마음이 어떠했는지 자기 입으로 물어보고 대답을 들어야 알 수 있다.

대화를 통해 기쁨, 슬픔, 분노 등 상대방의 감정을 느끼게 한다. 상대의 마음을 알아야 내 생각을 정리하고, 어떻게 행동할지 스스로 결정하게 된다.

넷째, 행동으로 옮기는 실천 하브루타 단계이다.

친구와 있었던 일에 대해 사과하거나, 나의 감정을 솔직하게 나누는 단계이다. 실천 하브루타는 아이들끼리만 이야기를 나누는 것이 아니라, 부모와 자녀도 서로 감정을 나누어야 한다.

"그때는 내 기분이 나빴어."

"네가 내 말을 무시해서 화났어."

"네가 그렇게 말해주어서 내 기분이 풀렸어."

"내가 블록을 무너뜨려서 미안해. 우리 사이좋게 지내자."

"네가 욕을 해서 엄마가 속상해."

하브루타로 서로의 마음을 이해하고 공감하면 관계가 더욱 돈독해진다. 실천을 통해 감정을 정리하면서 자연스럽게 일이 마무리된다.

다섯째, 종합 하브루타로 정리 단계이다.

상담자가 사건에서 중요한 단어를 마음속에 기억하고 단어의 정의를 새롭게 한다. 단어에 포함된 의미를 되새기고, 바람직한 행동 기준들을 한 문장으로 표현해보는 것이다. 일반적인 대화에서 정리 단계는 생략할 수 있다.

"친구란 놀이동산 같다. 왜냐하면, 친구가 없으면 재미없기 때문이다."

"다툼이란 폭력이다. 왜냐하면, 마음에 상처를 주기 때문이다."

"숙제란 잔소리 같다. 왜냐하면, 아는 것도 또 해야 하기 때문이다."

하브루타 대화는 질문으로 시작하여 아이들 스스로 생각하고 말하게 한다. 아이들 사이의 다툼을 해결하기 위해, 아이들의 잘못된 행동과 생각을 바로잡기 위해 하브루타를 한다.

부모가 잔소리하지 않고도 아이들 스스로 움직이게 하려면, 아이들에게 말할 기회를 주어야 한다. 스스로 생각해내어 자기 입으로 말한 것은 실천하려고 노력하기 때문이다.

열린 마음으로 솔직하게 각자의 생각을 나누면 아이들과 쉽게 공감할 수 있다. 공감 하브루타 질문 모형을 참고하여 아이들과 질문으로 대화하게 되면, 부모와 자녀가 서로의 마음을 나누는 시간이 기다려진다.

◆

질문으로 아이들의 마음을 여는 데는 순서가 필요하다.

도입 하브루타		사실 하브루타		심화 하브루타		실천 하브루타		종합 하브루타
관계 열기, 안부 묻기	→	사건 묻기	→	마음, 생각, 감정 묻기	→	사과하기, 감정 나누기	→	사건의 단어로 문장 만들기

02

하브루타 대화는 아이의 마음을 알게 한다

아침 자유놀이 시간이다. 아직 아이들이 모두 등원하지는 않았다. 담임 선생님이 상기된 얼굴로 교실에서 뛰어나왔다. 잔뜩 당황한 표정으로 다급하게 나를 찾는다. 그런 선생님의 얼굴을 마주하면 누구라도 긴장하게 된다.

화장실에서 두 아이의 목소리가 들렸다. '남녀칠세부동석'이라는 7세반 교실 내 화장실에서 일이 벌어졌다. 아이들이 누구인지 확인한 순간, 담임 선생님은 너무 놀라 감정조절을 하지 못했다. 그만 아이들에게 꽥 소리를 지르고는 교무실로 데리고 온 것이다.

승아와 서준이는 고개를 숙인 채 눈도 마주치지 못한다. '화장실 사용 약속'을 어긴 것 말고, 뭔가 크게 잘못했다는 것을 느낌으로 아는 모양이다. 담임 선생님은 두 아이가 성별은 달라도 단짝이라고 했다. 둘만 너무 친하게 지내서 부모님들도 걱정하고 있단다.

두 아이와 교무실 둥근 탁자에 둘러앉아 하브루타를 시작했다. 아이들에게 질문할 때는 친절한 태도로 대하고, 대답하기 쉬운 말을 사용해야 한다. 자칫하면 아이들이 질문을 이해하지 못하고도 건성으로 대답하는 일이 있으므로 주의해야 한다. 아이들이 혼날 일을 해서 마음이 위축되어 있다면 더욱 조심해야 한다.

"자…. 무슨 일이 있었는지, 누가 선생님에게 설명해줄 수 있을까?"

두 아이 모두 눈치만 보며 묵묵부답이다. 아이들이 잘못을 깨달으면, 알면서도 대답하지 않고 입을 다문다. 말 한마디 잘못하면 더 혼난다는 것을 알기 때문이다.

"괜찮아…. 말할 준비가 될 때까지 선생님이 기다려줄게."

잠시 무거운 침묵이 이어졌다. 분위기가 너무 가라앉으면 다시 말을 꺼내기가 어렵게 된다. 하브루타 대화를 하기 위해 굳어진 마음부터 풀어주어야 한다.

"혼내려는 것이 아니니 걱정하지 마. 어떤 일로 들어갔는지 궁금해서 물어보는 거야. 승아가 먼저 말해 볼래?"

"제가 화장실에서 볼일을 보고 있는데, 서준이가 들어와서 엉덩이를 보여 달라고 했어요."

"아, 그런 일이 있었구나. 그런데 서준이는 왜 그런 말을 친구에게 했을까?"

"그게 말이죠. 내가 생각한 건 아니었는데, 실수로 말이 먼저 나왔어요."

"아…. 말을 먼저 해버렸구나. 그래 누구든지 실수로 잘못할 수 있어."

"승아야, 서준이가 엉덩이 보여 달라고 했을 때 어떻게 하는 것이 좋을까?"

"싫다고 말해요."

"승아야, 만약에 교실 안에서 그런 일이 생긴다면 누구에게 도움을 청해야 하지?"

"선생님이요."

교실 화장실을 사용할 때의 약속이 있다. 사생활 존중을 위해 반드시 1명씩만 들어가야 한다. 승아가 먼저 들어간 걸 알면서도, 서준이는 '쉬가 너무 급해서' 들어갔다. 그런데 승아를 보자 쉬가 급한 것도 까맣게 잊고, 엉덩이를 보여 달라는 말이 입에서 튀어나왔다. 승아는 싫은 마음이 있는데도 친구에게 엉덩이를 보여주었다.

아이들의 이런 행동이 이해되는가?

아이들은 무언가 하나에 집중하면 다른 생각을 모두 잊는다. 꽃을 따고 싶어지는 순간 낭떠러지라는 걸 잊는다거나, 도로 위로 굴러가는 공을 잡으려고 차가 달려오는 것을 깨닫지 못하는 것과 같다.

다른 아이의 말을 들으면 승아처럼 앞뒤 가리지 않고 몸부터 움직일 수도 있다. 교육받은 내용이 무엇인지, 상대방의 입장은 어떤지, 자기가 알고 있는 것을 생각할 여유가 없다.

어른들은 아이들의 이런 사고방식이나 행동에 교육적 호기심을 가져야 한다. 그래야 아이들의 생각에 공감하고 올바르게 지도할 수 있다.

아이들에게 그런 행동이 왜 잘못된 것인지 물으니 대답하지 못한다. 선생님이 가르쳐준 그대로 '소중한 몸을 함부로 만지거나 보여주면 안 된다고 했어요'라는 대답을 들었다.

주입식 교육의 문제점이 이런 것이다. 아이들에게 일방적으로 전달하고 암기하도록 한다. 아이들은 교사가 반복적으로 가르쳤던 정답만 이야기한다. 앵무새처럼 따라하기는 하지만, 정확한 의미를 이해하지 못한다. 지시하는 것처럼 교육하지 말고 자세한 이유를 알려주어야 신중하게 행동한다.

이런 교육은 아이들의 사고력 향상에 별로 도움이 되지 않는다. 토론과 논쟁을 통해 뿌리까지 파헤치는 하브루타 교육이 부러운 이유이다.

"아무리 급해도, 선생님은 서준이가 또 그런 실수를 하지 않을 거라고 믿어."

아이가 수치심을 갖지 않도록 마음을 달래주었다. 서준이는 승아에게 사과하는 것으로 미안한 감정을 표현하였다. 승아도 싫다고 분명하게 말해야 하는 이유를 알게 되었다.

두 아이와 우리 몸이 왜 소중한지, 서로 어떻게 대해야 존중하는 것인지, 좀 더 깊이 있게 하브루타 대화를 나누었다.

아이들의 호기심은 어른들의 생각과는 다르다. 아이들은 평소 궁금했던 것을 생각 없이 말하는 경우가 있다. 서준이 마음속에 숨겨져 있다가 갑자기 튀어나온 질문이 언제 어디에서 누구의 영향을 받았는지는 알 수 없다. 아이들은 자신이 무엇을 궁금해하는지 모를 수도 있다. 실제로 아이들에게 '무엇이 궁금한데?'라고 질문하면 대답이 이랬다저랬다 한다.

서준이의 행동과 같은 문제로 질문할 때는 아이들에게 상처가 되지 않도록 조심해야 한다. 아이들은 성 정체성이 정립되지 않은 상태이다. 특히 성적인 호기심이 포함된 질문은 삼가야 한다. 아이들의 독특한 마음 세계를 이해하기 위한 순수한 호기심을 가져야 한다.

아이들의 마음에 대한 호기심보다 교사의 걱정이 앞서도 하브루타 대화는 멈춰버린다. 내가 만약 걱정이 앞서서, 아이들의 행동에 대하여 다짜고짜 '그렇게 행동하면 나쁜 사람이야'라고 나무랐다면 어떻게 되었을까? 아이들은 잘못이 무엇인지 깨달을 수도 없고, 수치심으로 마음의 상처가 남을 수도 있다.

아이들의 마음은 신세계이다. 아이들의 행동은 어떤 단면이나 결과만 보고 판단하지 말아야 한다. 아이들의 행동은 원인과 과정 모두 중요하기 때문이다. 하브루타 대화를 통해 두 아이의 우발적이고 엉뚱한 행동을 비로소 이해할 수 있었다.

시시각각 변하는 아이들의 마음을 탐구하고 싶은 생각이 교육적 호기심이다. 이런 호기심은 논리, 생각, 기준 등 특정한 잣대로 아이를 판단하려는 것이 아니다. 하브루타 대화를 시작하기 전에 선입견 없이 백지상태로 아이를 바라보는 태도를 말한다. 따라서 아이들의 이야기를 있는 그대로 들어주고, 그 마음에 공감하려는 자세로 접근해야 한다.

하브루타 대화의 또 다른 위험성은 아이들의 마음을 듣는 동안, 즉시 지도하려는 어른들의 교육적 사명감에 있다. 하브루타를 진행하는 도중 성급하게 가르치려 들면 아이들이 마음을 열지 않는다. 의미 있는 대화가 되기를 원한다면, 먼저 아이들의 입장에 서서 이야기를 충분히 들어주어야 한다.

분명한 사실은 아이들의 생각을 정확하게 이해하기 어렵다는 것이다. 아이들의 마음은 단순하지만 언제 어떻게 변할지 알 수 없다. 주변 상황에 따라 마음도 변한다. 아이들의 마음에 교육적 입장마저 배제해야 할, 순수한 호기심을 갖고 접근해야 할 중요한 이유이다. 아이들의 속마음을 알기 위해서는 하브루타 대화가 꼭 필요하다.

◆

어른들의 생각으로 미리 판단하지 말고 호기심으로 하브루타를 하라.

03
눈맞춤은 아이의 마음을 여는 첫걸음이다

등원하는 아이들을 일일이 맞이하는 것은 중요한 일과이다. 작은 변화에 대한 관찰은 아이들과의 친밀한 관계를 시작하기 위한 열쇠이다.

'잠은 잘 잤어?', '아침에 뭐 먹었니?', '기분 좋은 일이 있었구나?'라고 일상적인 질문을 던진다. 아이들과 눈을 맞추고 꼬마 친구들이 대답하는 모습을 보면서 아픈 아이는 없는지, 기분 나쁜 아이는 없는지, 아이들의 얼굴을 관찰하고 감정 날씨를 두루 살핀다. 그날 기분에 따라 아이들의 행동이 좌우되기 때문이다.

어젯밤 늦은 시간에 한국 대 독일의 월드컵 축구 경기가 있었다. 우리나라가 독일을 이겼다. 축구를 좋아하는 아이들은 승리의 기쁨에 밤잠을 설쳤을 것이다.

오늘 아침에도 유빈이는 울면서 등원한다. 축구를 보느라 아침에 일어나기 힘들었는지 초췌한 모습이다.

유빈이는 울면서 유치원에 오는 날이 많다. 엄마는 유치원에 가면 점심 시간에 먹기 싫어하는 김치를 주기 때문에 우는 것으로 생각한다. 선생님은 엄마 말만 듣고, 유빈이가 '김치 먹기 싫은' 핑계로 집에 가고 싶다고 하면 매번 달래기 바빴다. 아이를 달래면 김치를 잊고 금방 놀이에 집중한다. 울던 아이가 맞는지 의문이 들었다.

그동안 유빈이에게 다른 이유가 있을 거라는 생각을 하지 못했다. 유치원에 와서 우는 진짜 이유가 무엇일까?

습관처럼 울음을 터트리는 유빈이의 마음을 진정시키기 위해 물을 한 잔 권했다. 6살 유빈이는 초등학생처럼 말을 잘한다. 눈물이 글썽거려도 할 말은 다 한다. 아이와 손을 마주 잡고 눈뽀뽀를 했다. 눈만 맞추어 주었는데 어느새 눈물이 뚝 그쳤다.

눈맞춤은 아이의 눈동자 속의 눈부처를 바라보는 것이다. 눈부처는 상대방의 눈동자에 비치어 나타난 나의 모습이다. 서로 눈뽀뽀를 하는 순간 아이의 마음이 열린다. 상대방의 눈을 보며 자신의 이야기를 술술 풀어낸다. 아이가 진짜 속마음을 보여주는 순간이다.

"유빈이는 왜 기분이 좋지 않을까?"

"오늘은 방과 후 엄마가 오기를 기다렸다가 가야 하는 날이에요."

"아…. 그렇구나. 방과 후에 혼자 노는 게 재미없구나."

"그게 아니라, 엄마 기다리는 게 힘들어요."

"엄마가 화요일, 목요일에 일찍 오시지 못하는 이유가 뭘까?"

"너무 바쁘시대요."

"유빈이가 울지 않고 기분 좋게 등원하면, 엄마도 화를 내지 않을 것 같은데, 네 생각은 어때?"

유빈이는 엄마가 일찍 데리러 오는 것이 소원이다. 하지만 엄마의 스케줄에 따를 수밖에 없어서 슬프다. 엄마는 유빈이에게 직장 생활의 어려움을 이야기하고, 조금이라도 일찍 퇴근하기 위해 노력한다. 아이가 그런 마음을 몰라주니, 엄마는 속상하기도 하고 때로 화내기도 한다.

이런 문제는 교사가 대신 해결해줄 수 없다. 어쩔 수 없는 상황을 유빈이에게 이해시키려면, 당사자인 엄마가 유빈이와 눈을 맞추며 하브루타를 해야 한다.

엄마에게 유빈이와의 눈맞춤 대화를 권유하였다. 설거지나 청소 등 다른 일을 하는 동안 잠깐 눈을 마주치는 것은 눈맞춤이 아니라는 것을 강조했다. 바쁘다고 건성으로 이야기하는 것은 아무 의미가 없다. 아이와 마주 앉아 진심의 대화를 해야 한다.

“유빈이가 아침마다 울면서 등원하는 이유가 뭘까?”

“엄마가 언제 올지 몰라서요.”

“엄마도 유빈이와 시간을 많이 보내고 싶어. 그런데 직장을 그만둘 수가 없어. 유빈이가 조금만 이해해줄 수 없을까?”

“참아 볼게요.”

“엄마도 일찍 데리러 오면 좋겠는데 화요일, 목요일은 일이 늦게 끝나서 어쩔 수 없네. 그럴 땐 어떻게 하면 좋을까?”

“내가 유치원에서 기다리고 있을게요. 빨리 와 주세요.”

“엄마도 약속된 시간을 지킬게. 그래 줄 수 있어?”

“대신 다른 날은 일찍 데리러 와 주세요.”

엄마와 유빈이는 단둘이 오붓하게 데이트하는 시간을 가졌다. 난생처음 엄마와 눈뽀뽀하며 대화를 했다. 유빈이에게 엄마의 사정을 알려주고 도움을 청하니 해결 방법을 술술 말한다. 상황은 변하지 않았지만, 아이 스스로 마음의 안정을 찾았다.

알고 보면 대화의 내용도 이전과 똑같았다. 전에는 아이가 울면서 떼쓰면, 엄마는 미안한 마음에 외면하고 변명하고 화를 내기도 했다. ‘뾰족한 방법이 없는데 엄마보고 어떻게 하란 말이야’라고 윽박지르는 것은 아이의 마음을 상하게 한다. 아이에게 미안해하지 말자. 아이도 당당한 가족의 일원으로 함께 문제를 해결해야 한다.

눈맞춤으로 대화의 방법이 달라졌다. 엄마의 진심을 느끼면서,

아이의 마음속에 스스로 조율할 기회가 주어졌다. 그 기회가 바로 눈을 맞추는 하브루타 대화이다.

엄마는 아이와 어떻게 눈을 맞추어야 할까.

눈을 맞춘다는 것은 눈빛을 교환하는 것이다.

눈빛을 교환할 때는 사랑스러운 표정으로 바라보아야 한다. 눈뽀뽀를 할 때는 너를 믿는다는 표정으로 다가가야 한다. 눈맞춤에는 너의 의견을 들어준다, 네 말을 믿는다는 의미가 있다.

눈을 마주치는 순간 엄마의 표정과 눈빛이 아이의 마음을 흔들어 놓는다. 눈을 마주치면 서로 이해하고 공감하게 된다. 마음이 통하면 어려운 문제도 쉽게 해결된다. 바로 이런 것이 하브루타 대화이다.

눈을 맞춘다는 것은 부드러운 말투로 다가가는 것이다.

하브루타 대화의 힘은 설득에 있는 것이 아니다. 나에게 속삭이듯 부드러운 말투로 아이의 마음에 다가가야 한다. 목소리만으로도 상대방의 마음을 사로잡을 수 있다. 지시어나 캐묻는 듯한 말투로는 아이의 마음을 열지 못한다.

눈을 맞춘다는 것은 마음을 읽어준다는 것이다.

상대방에게 눈을 맞추는 것은 마음을 맞추는 것이다. 마음을 맞추는 것이 공감이다. 상대방의 마음을 나의 마음으로 받아들여야 한다. 거울 속의 나를 보듯 아이의 눈을 바라보라. 아이 눈 속에 눈부처를 바라보며 나를 마주하는 순간이다.

공감 하브루타를 하다 보면 눈뽀뽀를 어려워하는 친구들이 있다. 아이의 정서적인 문제일 수도 있고, 어려서부터 한 번도 경험하지 못했기 때문일 수도 있다. 이유가 무엇이든 아이가 엄마의 눈에 나타난 눈부처를 똑바로 바라보는 연습이 필요하다. 내 마음을 열고 상대방과 소통하는 공감 연습이다.

눈을 맞춘다는 것은 아이와 눈높이를 맞추는 것이다.

하브루타 대화를 하다 보면, 부모나 교사가 아이들의 눈높이에 맞추기 어려울 때가 있다. 이럴 때는 아이의 선택에 맡기는 것이 좋다. 아이의 선택을 믿어주는 것이다.

아이가 결정하기 힘들어하는 문제도 하브루타 대화로 함께 풀어간다. 아이가 어른의 눈높이에 맞출 수는 없다. 아이의 입장에서서 어른의 눈높이를 맞추어 가야 한다.

우리 큰딸 아이는 학교 일과가 끝나고 집에 와도 혼자 지내는 시간이 많았다. 빈집에 혼자 들어오는 것보다 무언가 취미 활동을 하는 것이 낫겠다 싶어, 방과 후 수업과 학원 수강을 시켰다.

엄마가 정해준 활동이라 그랬는지, 탐탁하게 생각하지 않았다.

억지로 수업을 하는 듯하여 초등학교 3학년 때부터 아이 눈높이에 맞추어 방과 후 활동이 필요한 이유만 알려주고, 스스로 계획을 짜도록 했다. 과목 선택부터 수강 시간까지 모두 자기가 결정하더니, 지금은 더 열심히 수업에 참여한다.

아이가 엉뚱한 일에 고집을 부리거나 생각하지도 못한 행동으로 어른을 놀라게 할 때는 공통적인 이유가 있다. 부모, 교사가 아이의 마음에 공감하지 못했다는 것이다.

문제 해결의 실마리는 눈맞춤에 있다. 눈맞춤은 아이와 눈높이를 맞추는 것이다. 눈뽀뽀를 통해 아이의 마음을 열고, 하브루타 대화를 통해 서로의 속마음을 나눈다면 아이도 부모를 이해한다.

◆

아이와 공감하고 싶다면 눈맞춤으로 하브루타 대화를 하라.

04

아이의 작은 소리에 귀 기울여 주세요

'우리 아이를 잘 봐주세요.'

월요일 새벽 유치원 카페에 밑도 끝도 없는 글이 올라와 있었다. 딱 한 줄이었다. 무슨 이유인지 어떻게 해달라는 것인지 알 수가 없었다.

엄마가 이른 시간에 왜 그런 글을 남겼을까? 담임 교사는 출근하자마자 '어머니와 통화하고 싶은데 전화를 받지 않으시네요'라고 댓글을 달았다. 그러자 '직접 찾아가서 상담하겠습니다'라고 댓글이 달렸다.

전화를 받지 않고 댓글만 단다는 것은 강한 불만의 표시라 생각할 수밖에 없다. 직감적으로 일이 커질 것 같다는 생각이 들자 불안해진다.

출근하자마자 새벽에 글을 올린 가은이 엄마의 전화를 받았다. 지금 당장이라도 원장님을 만나고 싶다는 통보였다. 담임 선생님과 먼저 상담하도록 권유해보았지만, 원장하고 직접 이야기하고 싶다고 했다. 고객들이 '사장 나오라고 해!'라고 소리 지르는 풍경을 닮았다.

부모들은 유치원에 어떤 불만이 생기면 원장부터 찾는다. 현장에서 직접 관찰하고 교육하는 선생님이 아이에 대해 가장 잘 아는데, 담임 교사가 미덥지 않은 모양이다. 당장 쫓아올 것처럼 말하더니, 상담 날짜를 이틀 후로 미루었다.

담임 교사에게 무슨 일이 있었는지 묻자 특이한 점은 없었다고 한다. 엄마에게 전화를 걸어 이유를 물어도 시원스럽게 대답하지 않는다. 시간이 흐를수록 가슴이 답답해진다.

상담 날짜가 되었지만, 가은이 엄마는 유치원에 오지 않았다. 그냥 전화로 상담하고 싶다고 했다. 가은이 엄마는 '우리 아이가 안 하던 행동을 한다'라고 하면서, 갑자기 유치원에 가기 싫어한다는 것이다. 유치원에서 무슨 심각한 일이 있어서 그런 것은 아닌지 궁금해했다. 한편으로는 아이를 세심하게 보살펴 달라고 부탁했다.

"가은아, 오늘 아침에 뭐 먹었니?"

"밥하고 계란이요."

"선생님도 계란 좋아하는데. 집에서 잘 때는 누구랑 자니?"

"언니랑 자요."

"무슨 색 제일 좋아해?"

"노란색이요."

"오늘 노란 티셔츠가 참 잘 어울린다. 가은이는 유치원에 오면 누구랑 잘 노니?"

"예서랑 다인이랑 놀아요."

"그렇구나. 그 친구들하고 놀면 즐겁구나. 그럼 혹시 불편한 친구는 있니?"

"도현이가 싫어요."

"왜 그렇게 생각해?"

"내가 치마 입고 왔을 때 치마를 들췄어요. 그래서 싫어요."

"아…. 그런 일이 있었구나. 정말 속상하고 창피했겠구나. 그래서 유치원에 오기 싫다고 울었니?"

"네."

가은이랑 많은 이야기를 나누고 나서 엄마에게 자세히 알려주었다. 대화 내용을 듣더니 아이가 스쳐 지나가듯 "엄마, 나의 소중한 부분은 누가 보면 안 되는 거지?"라고 했던 말을 기억해냈다. 아이의 작은 소리도 귀담아들었어야 하는데, 너무 가볍게 생각하고 지나쳐서 아이에게 미안하다고 했다.

가은이 말을 듣고 엄마가 '왜 그렇게 생각했는데?'라고 한마디만 물어보았더라면, 아이가 진짜 말하고 싶은 마음의 소리를 들을 수 있었을 것이다.

이 일을 계기로 가은이 엄마는 아이에게 더 많이 신경 쓰고 자주 대화하기로 다짐했다. 엄마가 늦게라도 깨달았으니 다행이다. 가은이에게는 유치원에서 그런 일이 생기면 꼭 선생님에게 말하도록 했다.

개구쟁이 남자아이가 치마를 들춘 행동은 결코 바람직하지 못하다. 도현이를 혼낸다 해도 문제가 해결되지는 않는다. 지금 두 아이에게 필요한 것은 하브루타 대화이다. 가은이에게는 마음의 공감이 필요하다. 도현이는 자기 행동이 다른 아이에게 상처를 준다는 것을 깨달아야 한다.

사람들은 상대방이 이야기할 때 말하는 내용을 그대로 받아들이지 않는다. 개인의 감각이나 태도, 신념, 감정, 직관 등이 작용하기 때문이다. 듣고 싶은 말만 듣고, 자기 나름대로 생각한다. 같은 말이라도 듣는 태도에 따라 다양한 해석이 가능하다.

다른 사람의 말을 잘 듣는 것도 연습이 필요하다. 다른 사람의 말을 듣는 관점을 단계별로 정리하면 다음과 같다.

첫째, 자기중심 듣기다.

자신의 관점으로 상대방의 말을 판단하면서 듣는다. 상대는 깊이 있는 이야기를 하고 싶은 마음이 없어진다. 가은이도 엄마의 반응을 보고 더 이상 이야기하지 않았다. 엄마는 아이의 태도가 달라지고 나서야 문제가 있다는 사실을 알아차렸다.

둘째, 상대중심 듣기다.

자기중심 듣기에서 한 단계 발전하여, 상대방의 말과 행동에 집중하고 반응을 보이며 듣는다. 말투, 억양, 속도, 태도 등을 살피기도 하고, 상대방의 입장에 서서 공감하며 듣는다. 서로 친밀한 교감을 이룰 수 있다. 가은이에게 "속상한 일이 있었구나"라고 공감해주었더라면 아이가 유치원에 가기 싫어하는 일은 없었을 것이다.

셋째, 직관적 듣기다.

상대중심 듣기에서 더 나아가, 직관적으로 상대의 진짜 감정과 의도를 듣는 것이다. 상대방이 슬쩍 돌려서 말하고 있다는 것까지 인지하고, 통찰력 있게 정확한 의도를 파악해야 한다. 상대방의 생각을 확인하기 위해 추가 질문을 함으로써 속마음을 읽을 수도 있다. 가은이에게 "무슨 일인지 얘기해 줄 수 있어?"라고 물었다면 아이의 속마음까지 알 수 있었을 것이다.

질문과 대화를 통해 상대방을 이해하고 싶다면 먼저 경청해야 한다. 상대가 편안함을 느끼도록 공감해줘야 진정한 경청이다.

경청은 상대의 말을 그저 듣기만 하는 것이 아니다. 상대방이 전달하려는 말의 의미뿐만 아니라 그 마음속의 동기와 감정까지 이해하고 피드백하여 주는 것이다. 효과적인 의사소통을 위한 기본적인 자세이다.

아이들의 마음의 소리를 듣기 위해서는 공감하는 것이 중요하다. 경청은 상대방의 작은 소리까지 들어주려는 마음이 필요하다. 가은이의 경우 이상한 상황을 겪었을 때의 기분과 함께, 엄마가 알아주지 않아서 상처받은 마음까지도 읽어주어야 한다.

자신감이 없거나 내성적인 성격의 아이들은 속마음을 표현할 때 기어들어 가는 목소리로 말할 수 있다. 작은 소리도 크게 들어야 한다. 그래야 아이의 감정과 말하고 싶은 진짜 의도를 파악할 수 있다.

가은이의 소리는 어른들에게는 작지만, 아이에게는 큰 충격일 수 있다. 아이의 작은 소리를 경청하여 문제를 해결하지 않고 그냥 지나쳤더라면 마음속의 트라우마로 남을 수도 있었다.

하브루타 대화를 하고 나서 가은이는 든든한 응원군을 얻었다. 가은이와 나는 교실에서 마주치면 반갑게 인사하며 안아주는 사이가 되었다. 오고 갈 때 눈만 마주쳐도 마음이 통했다는 눈빛을 교환하며 인사를 한다.

일상의 하브루타 대화는 마음을 열고 평범한 작은 소리를 듣는데서 출발한다. 아이들의 말을 경청하는 것이 존중의 첫걸음이다. 하브루타는 경청을 통해 사람의 마음을 움직인다. 아이들은 사소한 일까지 공감해주어야 쉽게 친구가 될 수 있다.

◆

끊임없이 아이들의 마음을 듣는 일이 작은 기적을 만든다.

05
좋은 질문은 아이의 생각과 행동을 움직이는 열쇠다

현장의 유아 교사들은 바쁘다. 하루를 초 단위로 쪼개도 부족할 만큼 정신없이 돌아간다.

아침 일찍부터 통학버스로 시내를 돌며 아이들을 데려와야 하고, 수업이 끝나면 같은 코스로 하원시켜야 한다. 일과 중에는 준비된 수업을 한다. 아이들과 신나게 놀아주는 것도 중요한 일상이다. 아이들에게서 잠시라도 눈을 떼면 크고 작은 문제가 생긴다.

틈틈이 학부모와 문자를 주고받거나 전화 상담을 해야 한다. 이른 아침 시간이나 방과 후 부모와 상담이 이루어지는 날도 있다.

아이들을 집으로 보내고 나면 하루 생활을 기록으로 남기고, 다음 수업 준비, 행사 준비 등 각종 업무를 처리해야 한다. 업무를 마무리하고 나면 퇴근 시간을 훌쩍 넘기기 일쑤고 집에 들어갈 때쯤이면 파김치가 되어버린다.

고된 일과가 이어지면 몸도 마음도 지쳐 친절함을 유지하기에 한계를 느낀다. 쏟아지는 아이들의 질문에 건성으로 대답하고, 반복되는 질문에 짜증 내기도 한다. 교사가 아이들의 행동을 하나하나 지시하고 통제하는 방식으로는 똑같은 상황이 반복될 수밖에 없다.

교사와 아이들이 함께 참여하는 신나는 수업은 불가능한 것일까?

모두가 참여하는 수업이라면 아이들은 활기차고 교사들 마음의 짐도 덜어줄 수 있다. 아이들이 능동적으로 참여하여 생각하고 말하도록 수업 분위기를 바꾸어야 가능한 일이다.

아이들이 수업에 적극적으로 참여하게 하려면, 먼저 교사의 언어 습관을 바꾸어야 했다. 선생님들에게 일상의 언어를 질문 언어로 바꾸어 보자고 제안했다.

바쁜 시간에 어떻게 한 명씩 아이들을 상대할 수 있을까. 시간이 부족해 힘들 것 같다며 난감한 표정을 지었다. 지금의 교육 환경에서는 실천 불가능한 일이라고 단정하는 교사도 있었다. 하지만 교실 수업의 풍경을 바꾸어 보고 싶은 생각이 간절했다.

직무연수를 하기 전에 유치원의 평상시 수업 활동이나 자유놀이 시간을 녹화하였다. 영상을 보면서 교사들이 사용하는 언어들을 한 문장 한 문장 기록하였다. 교사들이 평소 사용하는 언어들을 듣고 메모해두기도 했다. 선생님들의 도움으로 유치원에서 사용하는 일상의 언어 수집이 끝났다.

교사들에게 동기부여가 될 것이라는 확신으로, 하브루타를 수업에 활용하기 위한 교사 직무연수를 실시했다.

교사들이 사용한 언어들을 정리한 활동지를 나누어주자, 자신들이 사용한 언어에 대해 모두 충격을 받았다. 대부분 지시와 명령의 문장들이었기 때문이다. 자신이 이렇게 많은 지시어와 명령어를 사용하는 줄 몰랐다는 반응이었다. 심지어 어떤 선생님은 단어만 말하면 아이들이 잘 훈련된 군인처럼 눈치껏 움직인다고 했다. 교실의 이런 장면을 상상해보니 아찔하기까지 했다.

교사들과 머리를 맞대고 교실 속의 언어를 질문형 언어로 바꾸는 연습을 해보았다. 습관적으로 사용하던 명령형 언어들을 질문어로 바꾸기란 쉽지 않았다. 어렸을 때부터 한 번도 경험해보지 못한 신세계 같았다. 물론 일상의 모든 언어를 질문어로 사용해야 하는 것은 아니다.

주변의 단순한 말부터 바꾸어 실천해보기로 했다. 교사들이 가장 자주 사용하는 지시어와 명령어 중에서 먼저 4가지를 골랐다.

"우유 먹어라." "인사해야지." "의자 정리해라." "친구가 이야기할 때 조용히 해라."

이 명령어들을 질문의 언어로 바꾸려니 늘 사용하던 습관이 있어 고치기가 쉽지 않았다. 언어를 바꾸기 어려워하는 교사도 있고, 간결하고 쉽게 생각해내는 교사도 있었다. 선생님들은 명령어를 이렇게 바꾸었다.

"우유 먹어보자." "인사해보자." "의자 정리해보자." "친구 이야기에 경청하자."

명령형보다는 부드러운 말투이지만 질문형 언어는 아니다. 사람들은 명령어와 지시어를 질문어로 바꾸라고 하면 대부분 이와 비슷하게 생각한다. 아이들에게 말한 본래의 의미를 생각해 권유형으로 바꾸어 놓은 것이다.

"우유 먹을까?" "안녕하십니까?" "의자는 어떻게 해야 할까?" "친구가 이야기할 때 어떻게 할까?"

아이들의 생각을 자극하려면 권유형의 언어가 아닌 질문어로 바꾸어야 한다. 아이들이 질문을 듣고 생각할 틈을 주어야 한다. 질문의 힘은 질문에 담긴 공감에 있다. 질문한 사람의 생각을 이해하고 좋은 방법을 찾아내는 것이다.

선생님들의 입에서 질문 언어가 자연스럽게 나오려면 언어 습관이 바뀌어야 한다. 아이들이 교사가 원하는 반응을 하지 않는 경우, 생각을 이끄는 추가 질문을 어떻게 할 것인지도 고려해야 한다.

놀이 활동에 따라 아이들이 다른 교실로 이동하는 경우가 많다. 의자를 가지고 이동하면 바르게 정리해야 한다. 선생님들은 "의자 똑바로 정리해라." 하는 말을 반복한다. 아이들은 정리하는 방법을 알아도 선생님의 지시가 있을 때까지 기다린다. 선생님이 말을 해도 딴전을 피우거나, 소리 질러야 마지못해 행동하는 아이들도 있다.

교사들도 변하기 시작했다. 연수를 통해 공감한 질문의 언어를 교실에서 사용하기 시작한 것이다.

"의자는 어떻게 할까?" 부드러운 목소리로 아이들에게 질문을 던졌다. 아이들의 감정이 상하지 않도록 지시를 질문으로 바꾸고 기다려주었다.

아이들의 뇌가 반응했다. 질문에 대해 "바르게 정리해요"라고 대답하며 행동하기 시작했다. 의자를 책상 아래 가지런하게 정리해 놓았다. 이것이 질문의 놀라운 힘이다. 아이들이 공감하면 행동이 바뀐다.

가장 적극적으로 변화를 주도하는 것은 초임 교사들이다. 경력이 많을수록 교사들의 변화가 더디다.

수업 중에도 교사가 질문의 언어로 말하자 아이들이 다양하게 반응하기 시작했다. 질문은 교실의 분위기를 변하게 한다. 아이들과 주고받는 질문의 대화를 통해 하브루타의 매력을 실감했다.

질문으로 교실의 분위기를 바꾸려면 다른 일보다 많은 인내와 기다림이 필요하다. 교사들도 질문을 통해 자기 감정을 다스린다. 상호 존중하는 질문으로 아이와 교사가 함께 발전하는 것이다.

선생님들에게 질문에 대해 한 줄 문장으로 자기 생각을 표현해 보자고 제안했다. 종합 하브루타로 함축적 의미를 담아 다양한 의견을 내놓았다. 하브루타의 중요한 원리들이 충분히 포함된 것 같다.

"질문이란 관심이다. 상대방에게 묻고 대답하면서 서로 관심을 갖기 때문이다."

"질문이란 상상이다. 상대방의 마음을 그리며 들을 수 있기 때문이다."

"질문이란 생각의 길잡이다. 생각의 첫걸음은 질문에서 시작되기 때문이다."

"질문이란 대화이다. 상대방의 생각을 먼저 듣겠다는 의지의 표현이기 때문이다."

"질문이란 연결고리이다. 서로의 생각을 공유할 수 있는 매개체이기 때문이다."

"질문이란 배려다. 아이가 생각할 기회를 주는 어른의 마음이기 때문이다."

"질문이란 거울이다. 나를 돌아볼 수 있는 기회가 되기 때문이다."

"질문이란 공감이다. 질문을 통해 상대방의 행동을 이해하고 공감할 수 있기 때문이다."

"질문이란 존중이다. 서로 의견을 듣고 수용하기 위한 필수 과정이기 때문이다."

"질문이란 발전이다. 질문을 받은 사람과 질문을 한 사람 모두 성장하기 때문이다."

"질문은 열쇠다. 상대방의 마음을 열기 위해 꼭 필요하기 때문이다."

심리학자인 배스 앨토퍼는 훌륭한 질문이라면 반드시 생각을 자극한다고 말했다. 질문은 질문을 받은 사람이 전혀 새로운 방향으로 생각하게 만드는 힘이 있다. 질문을 받으면 뇌가 움직여 답을 찾으려 생각하고, 찾은 답을 행동으로 옮긴다.

아이들이 반복되는 지시를 받으면 교사의 잔소리쯤으로 여기지만, 질문을 받으면 스스로 답을 찾고 실천하려는 모습을 보인다. 자기 입으로 말한 것에 대해 책임감을 느낀다.

명령어를 사용하면 눈앞에서 즉시 효과가 나타나는 것처럼 보인다. 그러나 아이들이 스스로 깨닫고 행동하는 근본적인 변화는 일어나지 않는다.

질문은 아이들을 생각하게 만들어 스스로 판단하고 행동하게 한다. 질문을 던지는 것은 지시적인 교육보다 아이들의 자발적인 참여로 교육 효과가 더 빨리 나타난다. 아이들의 행동을 변화시키려면 질문으로 아이들의 생각을 자극하라.

◆

부모, 교사의 질문은 아이들의 행동을 바꾸는 열쇠다.

06

엄마의 언어 습관, 질문으로 시작합니다

유아 교사 수업역량 강화를 위한 연수에 참여해 처음으로 하브루타를 만났다. 하브루타가 도대체 뭘까? 지금까지 내가 해오던 수업과 무엇이 다를까? 교실에서 어떻게 적용할 수 있을까? 강의를 들으며 이런저런 생각에 잠겼다.

몇 시간 강의로 무엇을 얼마나 배웠겠는가. 하지만 교실 수업의 효과에 대한 자신감이 떨어지던 나에게 하브루타는 신선한 충격이었다. 교사가 되고 첫 수업을 하던 때의 마음가짐으로 새롭게 시작해야겠다는 결심을 했다.

아직 하브루타 연수의 여운이 남아있는데, 라디오 방송에서 하브루타 강의를 하는 것이 아닌가. 관심 있는 주제라 귀가 번쩍 뜨인 순간 '하브루타는 내가 먼저 변화하는 것'이라는 말이 가슴에 와닿았다. 그 말을 되새기며 '내가 어떻게 변해야 하브루타를 할 수 있을까?'라는 숙제가 생겼다.

하브루타는 무엇을 어떻게 하는 교육 방법이 아니라, 관점을 바꿔야 한다는 것을 알았다. 이론적 접근이 중요한 것이 아니라, 상대방에 대한 존중이 먼저라는 것을 깨달았다. 아이들을 관심과 사랑으로 바라보아야 한다는 생각이 확고하게 머릿속에 자리 잡았다.

새롭게 시작하려고 결심했지만, 무엇부터 실천해야 할지 고민이 되었다. 이 책 저 책을 읽어보아도 속 시원한 대답을 얻을 수 없었다. 하브루타 자격증 취득을 위해 공부하면서, 아이들을 대하는 나의 언어 습관이 변화하지 않으면 어떠한 교육적 효과도 얻을 수 없다는 결론에 도달했다.

유치원에서 사용하던 언어는 주로 지시나 명령을 하는 것이었다. 명령형 언어는 '예', '아니요'로 대답하거나, '책 읽자. 정리하자. 우유 먹자'라는 말처럼 행동부터 요구하는 경우가 많다. 아이들의 생각은 필요 없다. 외우라면 외우고, 시키는 대로 따르면 된다.

시작은 항상 어렵다. 일단 '질문형 언어'의 실천을 통하여 하브루타 효과를 경험해보기로 했다. 아이들이 '예', '아니요'로 대답할 수 없어야 좋은 질문이다. 이런 질문의 장점은 잠깐이라도 생각해야 대답할 수 있다는 것이다.

아이들이 복도를 뛰어다니는 것은 오래된 문제이다. 예전 같으면 "뛰지 마! 걸어 다녀야지! 그러다가 넘어진다!" 하고 계속 소리를 질러야 했다. 질문형 언어를 머릿속에 떠올리고, 입에 익숙해지도록 아이들에게 질문을 던지기 시작했다.

"복도에서 뛰면 어떻게 될까?"

오래된 언어 습관을 바꾸기란 쉽지 않았다. 게다가 아이들의 반응이 없으니 더 답답했다. 소리를 지르지 않으면 듣지 않는 것 아닐까. 그래도 인내심을 발휘하여 질문하기를 되풀이했다.

드디어 아이들의 첫 반응이 있었다. 미어캣처럼 목을 길게 빼고 눈이 동그래져 나를 쳐다보는 것이었다. 그러더니 아무 말 없이 천천히 걷는 것이었다.

나는 속으로 감탄을 했다. "와, 아이들이 내 질문에 반응을 하네!" 그 이후에 같은 질문을 던지자 이렇게 대답하며 걷는 아이들이 점점 늘었다.

"복도에서 뛰면 어떻게 될까?"

"넘어져요."

"넘어지면 어떻게 될까?"

"피가 나고 병원 가야 해요."

한번은 질문하는 습관이 익숙하지 않아 "뛰지 말고 걸어야지." 하고 예전처럼 말했다. 아이들은 그 말을 기다렸다는 듯, 안 뛰는 척 걷다가 내가 쳐다보지 않는 곳에 다다르자 전력 질주하는 것이었다. 그런 아이들의 행동을 보며 '내가 또 지시했구나'라고 깨달았다.

처음부터 효과가 나타나지 않더라도 질문을 던지면 소리 지르고 지시하던 때와 다르게 반응한다는 것, 아이들의 행동이 조금씩 변한다는 것을 실감할 수 있었다.

나의 질문으로 아이들이 변화되는 모습을 보면서 정말 기쁘고 행복한 경험을 했다. 작은 실천으로 하브루타 효과에 대한 확신과 자신감이 생겼다.

우리나라의 가정에서 아이들에게 명령하는 것은 자연스러운 풍경이다. '일어나. 세수해. 밥 먹어. 치워. 나갈 준비해.' 정신없이 바쁜 아침 시간, 모두 함께 나가기 위해 짧은 시간에 준비를 마쳐야 하는 가정의 상황을 생각하면 충분히 이해된다.

명령어는 지시도 짧고 대답도 짧다. 길게 대화할 여지가 없다. 명령을 듣지 않으면 소리를 지르고, 끝내 욕이나 협박으로 마무리되기도 한다.

소리 지르는 엄마. "욕먹어야 할래?" "그러다 혼난다." 아이들을 챙기는 일은 주로 엄마의 몫이다.

더 크게 불만을 쏟아내는 아이들. "하고 있잖아." "잔소리 지겨워 죽겠어." 행동하면서도 투덜댄다.

우리 주변에서 흔히 볼 수 있는 광경이다. 이런 상황에 대해

'아이들이란 늘 그렇지. 소리 질러야 듣지.' 하고 당연한 일로 본다. 나 역시 이와 비슷하게 아이들을 챙기고 있었다. 언제나 아이들이 문제이며, 부모에게 잘못이 있다는 생각은 하지 못했다.

새로운 과제에 도전해보기로 했다. 유치원에서의 행복했던 하브루타 경험을 가정에서도 적용해보고 싶었다. 가정에서 자녀들에게 하브루타를 적용할 수 있을까.

"이건 누가 정리하는 걸까?"

"엄마, 갑자기 왜 그래?"

"거실에 물건이 이렇게 있으니 어떻게 보이니?"

"우리가 정리할게요."

나의 갑작스러운 질문형 언어에 아이들이 놀라기도 했지만, 아이들의 반응에 나 또한 놀랐다. 명령이 아니라 질문으로 바꾸니 스스로 행동하는 것으로 대답을 하였다. 눈앞에서 기적을 보는 것 같았다. 질문이 가정에 평안함을 가져다주는 순간이었다.

물론 질문이 매번 통하지는 않았다. 어느 날 너저분한 방을 보고 "여기 물건이 제자리로 가려면 어떻게 해야 할까?" 하고 질문하자 돌아온 대답은 "몰라"였다.

그렇다고 당황할 필요는 없다. 이것도 질문에 대한 답이다. '지금은 치우기 싫다'라는 감정의 표현이다. 그런 아이들의 감정 표현에 공감해주니, 아이들도 기분 좋게 행동하는 모습을 보여주었다.

학교에도 변화의 바람이 불기 시작했다. 초보적인 하브루타 대화 방법을 도입한 것이다. 초등 2015 개정 교육 과정 교과서에도 짝과 함께 질문하고 이야기를 나누는 내용이 포함되었다. 또 정답이 있는 질문 만들기와 정답이 없는 질문 만들기 과제를 교과서에 넣었다.

유아교육 기관에서도 놀이 중심 교육을 극대화하고 있다. 놀이에서는 상호작용이 중요하다. 교사의 개입을 줄이고, 아이들 사이에 서로 존중하고 배려하는 질문을 통하여 상호작용하도록 한다.

질문의 효과는 무엇일까? 질문을 통해 아이들에게 다음과 같은 변화를 기대할 수 있다.

첫째, 아이들의 사고력을 높일 수 있다.

사고력은 다양한 생각을 이끄는 확장 질문을 통해 향상될 수 있다. 질문을 듣고, 대답을 생각하고, 생각한 것을 말로 표현하는 과정을 통해 사고력이 높아지는 것이다. '예', '아니요'로 대답해야 하는 명령형 언어는 생각의 문을 닫아버린다.

둘째, 아이들의 행동과 습관을 바꾼다.

아이들이 질문을 받으면 생각을 하고 스스로 답을 찾는다. 스스로 해결 방법을 찾으면 긍정적인 행동의 변화를 보인다. 행동의 변화는 좋은 습관을 갖게 하고, 좋은 습관은 좋은 인격 형성으로 이어진다.

셋째, 아이들의 언어 습관을 긍정적으로 변화시킬 수 있다.

지시하고 따르는 습관에서 벗어나 질문하고 대답하는 언어 습관으로 바뀐다. 어려서부터 지시와 명령을 듣고 자란 아이는 성인의 언어를 그대로 듣고 따라하며, 생각까지 배운다.

부모의 언어가 바뀌면 아이의 언어도 바뀐다. "세 살 버릇 여든까지 간다"라는 속담처럼 어려서의 언어 습관이 중요하다. 좋은 언어 습관은 올바른 인간관계를 형성하기 위한 기초가 된다.

하브루타는 질문과 대답을 통해 상대방과 서로 공감한다. 질문할 때는 서로 존중하고 배려해야 진심의 소통이 가능하다. 상대방을 무시하는 질문은 오히려 마음의 상처를 남긴다. 당연히 아이들도 인격적으로 대해야 한다.

우리 아이의 언어 습관을 바꾸고 싶다면 나부터 질문의 언어로 바꿔야 한다. 긍정적인 질문은 올바른 생각을 이끌고, 긍정의 말과 행동을 하게 한다. 질문의 언어 습관은 상대방에 대한 존중과 배려이며, 공감의 시작이다.

◆

부모, 교사가 질문형 언어로 바꾸면 아이들의 말과 행동이 변한다.

07
하브루타는 사랑과 관심으로 시작되어야 한다

입학식 날이라 유치원이 부산하다. 다른 날보다 훨씬 긴장감이 높다. 등원부터 하원을 마칠 때까지 아이들과 눈을 맞추고 교실의 상황을 꼼꼼히 살핀다. 엄마가 보고 싶다고 우는 아이 달래기, 주인 잃은 숟가락 찾아주기 등 하나라도 놓치지 않기 위한 선생님들의 고생은 이만저만이 아니다.

바쁜 와중에 복도에서 '똑똑똑….' 소리가 들린다. 누군가 계속해서 소심하게 문을 두드린다. 소리를 따라가니 교실 문틈으로 어떤 아이가 손을 내밀고 있었다. 낯선 곳에 갇혀 구조를 기다리는 듯한 손길이다.

유아 교실은 아이들 마음대로 밖에 나가지 못하도록 문을 닫아

놓는다. 다섯 살 은우가 교실 바닥에 주저앉아 힘없이 문을 두드리고 있었다. 입학식 날이라 아직 유치원에 적응하지 못하고 우는 친구들이 많아 담임 선생님이 조용히 앉아 있는 은우를 쳐다볼 여력이 없었다.

"누군가 했더니 은우구나. 문을 왜 두드렸을까?"

"집에 가고 싶어요."

"그랬구나. 집에 왜 가고 싶은데?"

"집에 언제 가요?"

"언제 가고 싶어?"

"지금요."

"조금만 있으면 갈 수 있어. 집에 갈 준비하고 기다릴까?"

유아와의 대화는 때때로 이렇게 한다. 아이들은 대답하는 모양을 갖추지 않고, 그저 자기가 하고 싶은 얘기를 한다. 내 말을 들은 은우는 웃지도 울지도 않고 문 두드리기를 멈추었다.

은우는 엄마 손을 잡고 등원했다. 엄마는 은우를 유치원에 데려다 놓자마자 눈길 한번 주지 않고 쌩하니 가버렸다. 은우는 엄마 손을 놓고 싶지 않은지 현관에 주저앉아 엄마의 뒷모습을 바라보며 한참 동안 울었다.

은우 엄마는 어린이집 교사다. 아이를 떠맡기듯 유치원에 데려다 놓고 서둘러 출근하는 것을 보니 내 마음이 편치 않았다. 지금

쯤 엄마도 출근해서 우리 유치원처럼 한바탕 전쟁을 치르고 있을 것이다.

다음 날 아침, 은우를 데리고 온 엄마와 잠시 이야기를 나누었다.

"집에서 은우랑 대화를 많이 하시나요?"

"왜요? 아이에게 문제가 있나요?"

"문제가 있는 것은 아니고요."

말을 걸기가 무섭다. 은우 엄마의 반응은 추운 겨울에 찬물을 끼얹은 듯 싸늘한 느낌이다. 직업이 유아 교사인 부모들은 현장 사정을 잘 알고 있다. 그래서인지 선생님들의 판단을 신뢰하지 못하는 경우가 더러 있다.

내 아이는 내가 가장 잘 알지. 많은 아이를 한꺼번에 대해야 하는 선생님이 아이들 개개인의 상황을 파악하기 어려울 텐데. 우리 아이의 행동 단면을 보고 지레짐작으로 나에게 질문하는 것은 아닌지. 엄마의 예사롭지 않은 날카로운 반응에도 이런저런 의미가 담겨있다.

은우가 입학하고 채 일주일도 지나지 않았다. 게다가 아이에 대한 정보도 충분하지 않다. 라포, 즉 신뢰할 만한 관계도 형성되지 않은 엄마에게 선뜻 어떤 말을 하기란 쉽지 않은 일이다. 주저하다가 엄마에게 한 가지만 부탁한다며 말을 건넸다.

"아침 출근 시간이라 무척 바쁘시죠? 은우랑 헤어질 때 잠시 안아주고, 몇 시에 데리러 온다고 약속해주시면 좋을 거 같아요.

아이가 궁금해하네요."

그저 아이에게 애정 표현을 해주라는 부탁이지만, 엄마의 기분을 상하지 않게 말하려니 조심스러웠다.

나의 말에 엄마는 별 반응을 보이지 않았다. 집에 가서야 곰곰이 생각해본 모양이다. 자신도 선생님이니 느낀 바가 있었을 것이다.

다음 날부터 은우 엄마는 유치원 현관에서 은우를 안아주었다. 몇 시에 데리러 온다고 약속도 해주었다. 또 은우가 놀이터에서 미끄럼틀 한 번 타고 들어가겠다고 하면 기다려주기도 했다.

그렇게 일주일이 지났다. 은우는 아무 일 없었다는 듯 울지 않고 또랑또랑하게 교실로 들어왔다. 현관 앞에 서서 물끄러미 엄마의 뒷모습을 바라보거나, 멍하니 집을 그리워하는 일도 사라졌다.

아이들이 처음 등원하게 되면 엄마와 헤어지는 연습이 필요하다. 은우도 새로운 환경에 적응할 시간이 필요했다. 아이가 엄마와 헤어지는데 두려움을 갖지 않게 하려면, 엄마의 적극적인 사랑 표현이 있어야 한다. 일주일 정도 엄마와 헤어지는 연습을 한 후부터, 은우는 유치원의 새로운 생활에도 잘 적응했다.

하브루타의 바탕은 관심과 사랑이다. 사랑 없이는 라포가 형성되지 않는다. 서로를 잘 알고 이해해야 긍정적인 관계 맺기가 가능하다. 하브루타는 상대방과의 친밀한 관계 속에서 이루어진다. 하브루타 대화는 사랑과 관심의 적극적인 표현이다.

하브루타 대화를 실천하기 위해서 따로 정해진 방법이 있는 것은 아니다. 하지만 다음과 같은 순서를 기억하면 좀 더 효과적으로 하브루타를 실천할 수 있다.

첫째, 아이들의 행동을 관찰한다.

은우가 문을 두드리는 행동과 감정 온도를 자세히 살펴봄으로 하브루타가 시작되었다. 은우가 문을 두드릴 때 '시끄러워. 문 두드리지 마.' 하고 말했다면 어땠을까. 지금 아이의 마음이 어떤지, 아이에게 무엇이 필요한지 파악하지 못했을 것이다.

둘째, 아이의 이야기를 들어준다.

아이들은 자기 마음을 말하고 싶다. 은우가 당장 집에 갈 수 있는 시간은 아니었다. '집에 갈 준비하고 기다리자'라고 반응해주었을 뿐인데, 은우는 자신의 이야기를 들어주었다고 느꼈다. 신뢰 관계의 형성이 중요하다. 아이의 이야기에 귀 기울여 들어주는 것으로 해결의 실마리를 찾은 것이다.

셋째, 아이의 마음을 읽어준다.

아이의 행동과 말을 종합해 은우의 마음이 어떤 상태인지 감정 온도를 파악했다. 은우의 이야기를 듣고 집에 가고 싶은 마음을 알아주고, 집에 언제쯤 갈 수 있는지 알려주었다. 선생님에 대한 신뢰와 곧 엄마를 만날 수 있다는 기대감으로 안정을 되찾았다.

아이들의 감정은 행동으로 나타난다. 하브루타는 아이들을 심도 있게 관찰함으로써 시작된다. 아이들의 표정, 행동, 말투 등을 종합하여 감정 온도를 측정한다. 감정적 행동이 주는 메시지를 무시하면 아이들의 마음을 제대로 읽지 못한다.

아이들을 세세하게 살펴보아야 무엇이 문제인지, 무엇을 원하는지 알 수 있다. 관찰로도 알 수 없는 것은 하브루타 질문을 통해 깊이 있게 나누면 된다.

무조건 질문만 하면 아이들의 마음을 알 수 있다는 생각은 위험하다. 만일 엄마 없는 아이에게 '엄마가 챙겨주었니?'라는 질문을 하면 아이의 마음이 어떨까? 섣부른 질문은 아이들을 힘들게 한다. 아이를 잘 알지 못하면 신중하게 다가가야 한다.

하브루타를 시작하기 전에 먼저 관계 형성에 집중하라. 다음으로 아이의 작은 행동이라도 자세히 관찰하고, 이야기를 차분하게 들어준다. 아이의 마음을 제대로 알기 위해서는 충분히 대화하라. 그래야 아이의 마음을 본래 상태대로 읽을 수 있으니까.

◆

하브루타는 사랑과 관심의 바탕 위에서 아이를 세심하게 관찰함으로써 시작된다.

08
엄마여, 버럭 대신 하브루타를!

성민이는 교무실의 단골손님이다. 무엇이든 선생님이 지시하면 대답은 똑소리나게 잘하는데 행동으로 옮기지는 않는다. 담임 교사의 속을 하루에 열두 번도 더 뒤집어 놓는다. 복도를 지나다 보면 교실 밖으로 튀어나오는 선생님의 큰 목소리를 들을 수 있다.

이날도 변함없이 선생님의 화난 목소리가 생생하게 들려왔다. 성민이는 교무실로 불려와 마치 자기 자리인 양 바닥에 주저앉았다. 교무실은 성민이 울음소리로 가득 찼다.

성민이와 나는 교무실에서 자주 만나는 얼굴이라 이미 익숙한 사이였다. 성민이에게 일부러 걸걸한 목소리로 "여기 또 앉아 있으면 어떻게 해? 선생님은 성민이에게 실망인데…." 하고 말했다.

화난 듯한 목소리를 듣자 울음소리가 잦아든다. 성민이에게 마실 것을 주면서 감정을 추스르도록 했다. 마음을 가라앉히고 생각할 틈을 주는 것이다.

오늘따라 짜증을 내며 등원한 성민이에게 무슨 일이 있었는지 궁금했다.

"아침에 집에서 무슨 일 있었니?"

"엄마한테 등을 맞았어요."

"그래서 속상했구나. 왜 맞은 건데?"

"내가 아침에 모르고 형아 운동화를 신었어요. 그래서 형아한테 미안하다고 사과했는데도 엄마가 때렸어요."

"엄마한테 맞아서 정말 속상했겠다."

"다음부턴 안 그럴 거예요."

성민이는 아침부터 엄마에게 등을 맞아 기분이 잔뜩 나빠진 상태였다. 유치원에 와서 블록놀이를 하는데, 블록도 마음대로 조립되지 않았다. 감정이 상하니 평소 잘되던 놀이까지 속을 썩였다.

옆에 있던 친구에게 도와달라고 했다. 친구들도 놀이에 열중하고 있어서 도와줄 겨를이 없었다. 게다가 엄마 말투로 지시하듯 말한 모양이다. 같은 말이라도 지시하듯 말하니 친구를 도와주고 싶은 마음이 사라졌다.

성민이의 다음 반응은 소리를 지르거나 친구를 때린다. 자기가 화났을 때 표현하는 방법이다. 친구에게 도움을 요청하는 방법도 배우지 못했다. 자기도 모르게 엄마의 행동을 따라했다.

성민이 입장으로 보면 엄마는 '잔소리 대장'이고 담임 선생님은 '잔소리꾼'이다. 담임 선생님의 지시에 대답만 하고 실천하지 않는 모습은, 집에서 하는 행동과 다르지 않다. 뺀질거리다 보면 엄마는 때리고, 선생님은 소리 지른다. 교무실로 불려와 혼나는 것도 덤덤하게 받아들인다. 이런 상황에 너무 익숙하다.

아침부터 어떤 아이가 평소와 다른 기분 상태를 보이거나 돌출 행동을 했다면 특별히 관심을 기울여야 한다. 주변 아이들과의 놀이 상황까지 세밀하게 관찰해야 한다.

아이들이 불안정한 감정을 보이면 기분부터 풀어주어야 한다. 아이들의 감정이 쌓이면 예기치 않은 사고가 생길 수 있다. '왜 짜증 내는데?'라고 잔소리하지 말자. 아이들의 감정을 공감해주고 사랑으로 보살펴야 한다.

성민이에게 필요한 것은 공감해주는 것이다. 나와 하브루타로 대화하는 동안 성민이의 기분이 풀렸다. 가끔 반복되는 일이지만 이번에도 담임 선생님과 약속을 했다. 담임 선생님도 성민이가 아침에 겪은 상황을 전해 듣고, 화낸 이유와 속상한 마음을 이해해주었다.

성민이 엄마는 아침에 출근하려면 눈코 뜰 새 없이 바쁘다. 아들 둘을 키우는 집이라 아침마다 전쟁터로 변할 것이 뻔하다. 아이들과 차분한 대화로 문제를 해결하기엔 역부족이고, 습관적으로 명령이나 지시를 하게 된다. 아이들이 잘 따르지 않으면 혼내거나 때린다.

엄마에게도 화내고 때릴 만한 이유가 있다. 하지만 아이들은 공감하지 못한다. 아이들의 생각을 물어보거나 설명한 적이 없었기 때문이다.

아무리 바쁘고 화가 나더라도 아이들에게 '왜 그랬어?'라고 짧게 물어보는 것으로 많은 문제를 해결할 수 있다. 아이의 생각이 어떤지 물어보고 감정을 읽어주는 것만으로도 충분하다. 그것이 하브루타의 마음가짐이다.

어른이 아이들에게 버럭 화부터 내는 행동은 다음과 같은 결과를 초래한다.

첫째, 아이들의 감정이 상하게 된다.

성민이 엄마처럼 바쁜 상황을 설명하지 않고 버럭 화부터 내면 아이가 이해하지 못하고 상처만 남는다. 결과적으로 아이는 타인에게 자신의 감정을 쏟아붓거나 기분 나쁜 행동을 하게 된다.

아무리 마음이 바쁘더라도 친절하게 설명해주어야 한다. 다음에 똑같은 상황이 되면 설명하지 않아도 아이 스스로 이해한다.

둘째, 아이들의 생각과 행동이 위축된다.

부모나 교사가 습관적으로 버럭 화를 내면 아이의 자신감이 떨어지고 자신의 의견을 솔직하게 말하지 못한다.

심리적으로 위축된 아이는 어른들의 눈치를 보면서 슬금슬금 행동하지만, 스스로 실천하는 모습을 보이지 않는다. 체벌이 무서워 마지못해 움직인다. 행동의 결과로 혼날 것을 두려워하고, 자신의 책임을 회피하고 싶어 소극적으로 행동한다.

셋째, 상대방과의 관계를 나쁘게 만든다.

감정을 행동으로 표현하면 상대방의 마음만 상하게 된다. 서로의 감정이 나빠지면 좋은 관계를 유지할 수 없다. 부모와 자녀 사이에도 마찬가지이다. 이유를 알지 못하므로 관계 회복에도 어려움이 뒤따른다.

엄마의 '버럭'을 어떻게 고칠 수 있을까.

조급함을 잠시 접어두자. 아이에게 먼저 하브루타로 질문하면, 버럭을 멈출 수 있다. 아이들도 지시나 명령보다 자기 생각이 존중받기를 원한다.

성민이는 맞아서 아픈 것보다 자신의 실수를 엄마가 공감해주지 않아서 억울한 것이다. 화가 난다고 버럭 소리를 지르거나 체벌을 준다고 해서 아이들의 행동이 바뀌지 않는다.

하브루타 대화를 통한 공감이 올바른 해결책이다. 단 1분만 투자하면 아이와 공감할 수 있다. 지시나 명령으로 아이들을 통제하지 말자. 하브루타 대화를 통해 스스로 생각하는 힘을 기르게 하자. 아이의 생각을 움직여야 행동이 바뀐다.

◆

세상의 모든 엄마들이여, 버럭 대신 하브루타를 하자.

09

이럴 때는 꼭 칭찬해주세요

예은이네는 초등학교 3학년에 다니는 예서, 7살 예은, 5살 예진 이렇게 딸 셋이다. 딸 셋 있는 집의 아침 풍경은 딸아이를 키워본 경험이 있는 엄마라야 상상할 수 있다. 아침마다 엄마는 한바탕 전쟁을 치러야 한다.

게다가 예은이가 등원하는 유치원은 집에서 제일 멀어 승차 시간도 빠르다. 준비가 조금만 늦어져도 유치원 버스를 놓치기 쉽다. 어떤 날에는, 예은이는 시간에 맞춰 버스를 탔지만, 동생은 준비가 덜 되어 끝날 때까지 기다리기도 했다. 한 명씩 차례로 준비시키다 보니 그런 일이 생긴다.

엄마가 아이들을 하나하나 직접 챙겨주다 보면 급한 마음에 화를 내게 된다. 이런 전쟁이 부모와 아이들의 사이를 멀어지게 만드는 원인이 되기도 한다.

아이들이 무엇 하나라도 스스로 챙긴다면 엄마의 부담이 크게 줄어들 텐데…. 지시나 잔소리가 아닌 다른 방법으로 아이들을 바꿀 수는 없는 것일까.

아이들이 일상 생활에서 무언가 스스로 실천하게 되기까지는 반복된 교육과 인내가 필요하다. 분주하게 출근을 준비하는 아침 시간에 아이들을 붙잡고 차분하게 가르치기는 사실상 불가능하다.

어느 날 아침, 예은이가 눈이 빨개진 채로 등원을 했다. 그런데 교실로 올라가지 않고 복도에 앉아 흐느끼기 시작했다.

"예은아, 무슨 일 있었니?"

"엄마한테 혼났어요."

울면서도 대답은 또박또박 잘한다. 워낙 똑똑하고 유치원에서는 무엇이든 스스로 잘하는 아이이다.

"뭣 때문에?"

"7시에 눈은 떴는데 8시 넘어서 일어났어요."

"저런, 버스 놓칠까 봐 울었구나?"

"엄마가 옷을 안 꺼내주셔서 늦었어요."

"그랬구나…. 그러면 내일은 아침에 입을 옷을 예은이가 꺼내 보는 건 어때?"

"어느 옷장에 내 옷이 있는지 몰라요. 그리고 항상 엄마가 골라 줘요."

"아, 그렇구나. 예은아, 엄마도 일 끝나고 나면 힘드실 거야. 엄마 기다리는 동안 예은이가 할 수 있는 일, 엄마를 도울 수 있는 일은 뭐가 있을까?"

"몰라요."

"선생님도 예은이랑 동갑인 7살 딸이 있거든. 유치원 다녀와서 신발 정리하기, 가방에서 도시락 꺼내기, 내일 아침 입을 옷을 미리 챙기는 건 스스로 해놓거든. 그중에서 예은이가 할 수 있는 게 뭐가 있을까?"

"우리 집 신발장은 신발이 꽉 차서 못 넣어요."

"선생님 집 현관은 아주 좁아서 신발을 꼭 정리해야 하는데…."

"도시락통은 엄마가 항상 꺼내서 설거지하는데, 도시락은 꺼내 볼게요. 그런데 옷은 안 될 것 같아요. 옷장에 뭐가 있는지 몰라요."

"좋아. 한 가지라도 해보는 거야. 옷장에서 옷은 못 꺼내더라도 내 옷이 어디 있는지 찾아보면 좋겠어. 그래야 스스로 챙길 수 있을 것 같아. 네 생각은 어때?"

"네. 그럼 오늘 도시락 꺼내고 옷장도 찾아볼게요."

"그래. 우리 예은이가 잘할 거라 믿어."

이런저런 이야기를 하다 보니 아침도 먹지 못하고 등원했단다.

예은이에게 떡을 건네주며 먹고 교실로 올라가라고 했다. 아이는 나와 하브루타 대화를 하는 동안 기분이 나아졌고, 스스로 무언가 결심한 듯했다. 예은이의 눈빛을 보니 잘해낼 수 있을 거라는 믿음이 생겼다.

다음 날, 등원하자마자 예은이를 찾았다. 교무실로 들어서는 예은이의 기분이 어제와는 사뭇 달라 보였다.

예은이는 어제 저녁에 가방에서 도시락을 꺼내 놓아 엄마에게 칭찬을 받았고, 아침 일찍 일어나 등원했다고 자랑을 늘어놓았다.

기쁨과 보람을 느끼는 순간이었다. 예은이도 이런 대화는 처음이었던 모양이다. 아이와 하브루타로 생각을 나누고 공감해주었다. 아이가 스스로 해결책을 찾을 수 있도록 질문했을 뿐인데, 예은이는 자기가 할 수 있는 것들을 생각해내고 바로 실천하였다.

오후 시간, 정수기 물을 받으러 나온 예은이와 마주쳤다. "선생님, 그렇게 하면 되죠?" 예은이에게 자신감이 생긴 것 같았다. 예은이가 최고라고 칭찬해주고, 동생 것도 도와주면 어떨까?라고 말해주었다. 지난번에도 동생에게 '교실에서 소리 지르면 안 된다'라고 알려준 적 있다며, 그렇게 해보겠다고 대답했다.

예은이 얼굴이 행복해 보였다. 나는 예은이를 향해서 눈빛 교환과 함께 손으로 엄지척을 해주었다. 눈빛 교환과 칭찬은 아이가 공감의 신호로 받아들인다. 칭찬은 아이들의 자존감을 높여주는 계기가 된다.

예은이 엄마는 너무 분주해서 교사와의 상담은 엄두도 못낸다. 자기 할 일을 스스로 할 수 있는 아이인데, 집에서 차분히 대화할 시간조차 갖지 못했다. 아무리 바쁘더라도 예은이가 집에서 스스로 잘하고 있는 일들에 대해서 적절한 칭찬을 잊지 말도록 부탁했다.

훈육보다 더 좋은 방법은 아이들의 마음을 알아주고, 자신이 스스로 할 수 있는 일을 찾도록 도와주는 하브루타 대화이다. 알고 보면 간단한 대화 내용이다. 아이의 눈높이에 맞춘 하브루타를 통하여 중요한 문제를 하나하나 해결해 갈 수 있다.

단 한 번의 하브루타로 지속적인 효과를 기대하기는 어렵다. 일상화된 유아 하브루타 대화는 아이들을 바르게 키울 수 있는 가장 좋은 방법이다. 부모, 교사의 공감을 받은 자녀들이 좋은 습관을 지닌 아이로 성장하는 것은 당연한 결과일 것이다.

'칭찬은 고래도 춤추게 한다'라는 유명한 말이 있다. 칭찬은 해결한 문제의 난이도에 따라 달라지는 것이 아니다. 작은 일 하나라도 스스로 문제를 해결했거나, 실천하게 된 아이는 칭찬을 넘치게 받아도 마땅하다.

칭찬은 하브루타 대화에서 매우 중요한 요소이다.

어른의 적절한 칭찬은 아이들의 마음을 움직인다. 같은 칭찬이라도 아이와 공감 없는 형식적 칭찬은 아이들이 먼저 알아차리고, 그 효과를 기대할 수 없게 된다.

아이들의 칭찬에 인색하지 말자. 칭찬으로 아이들의 바람직한 행동에 대하여 높은 강화 효과를 거둘 수 있다.

◆

아이들의 좋은 습관은 부모, 교사의 칭찬으로 수준을 높인다.

이럴 땐 꼭 칭찬해주세요!

1. 일상적인 일을 스스로 잘했을 때.
2. 아이들이 대화 도중 스스로 옳은 결정을 한 경우.
3. 문제해결 대화를 하면서 의미 있는 문제 제기를 한 경우.
4. 스스로 결정한 일에 대해 실천한 경우.
5. 자신이 약속한 일을 지속적으로 실천한 경우.

10
엄마의 질문으로 아이의 생각은 쑥쑥 자란다

유치원에서 돌아오는 하늘이의 표정이 시무룩하다. 누구랑 다툰 것은 아닌지, 너무 열심히 놀아서 그런지 몹시 지쳐 보인다. 엄마는 걱정 반 기대 반으로 말을 건다.

"오늘 유치원에서 무슨 일 있었니?"

"아니요."

"친구들하고 잘 놀았어?"

"왜 맨날 똑같은 걸 물어봐요?"

습관적으로 던지는 엄마의 질문에 아이는 짜증이 난다. 혼날 것 같아 대답은 하지만 엄마의 물음에 말 한마디라도 곱게 하는 법이 없다. 미운 일곱 살이라더니 사사건건 엄마의 눈에 거슬린다.

아이와 대화하고 싶어 부드럽게 질문을 던져도 돌아오는 것은 퉁명스러운 대답뿐이다. 아이와 대화가 되지 않다 보니, 아이의 생활 상담은 언제나 유치원 선생님의 몫이다.

아이는 엄마의 질문에 왜 짜증을 부리는 것일까?

하브루타는 질문으로 시작해서 질문으로 끝난다 해도 과언이 아니다. 하브루타를 질문 학습법으로 이해하는 사람도 있다. 질문으로 시작해 대답을 듣고, 꼬리를 물고 이어지는 질문으로 토론과 논쟁이 이루어진다.

아이들이 '아니요.', '됐어요.', '몰라요'라고 대답했다면 질문이 무엇이었는지 돌아보아야 한다. 어떤 질문을 하느냐가 중요하다.

하브루타를 할 때의 질문은 다양하다. 사실을 묻는 질문과 감정 상태를 확인하는 질문이 있다. 개인적인 생각이나 의견을 물어보는 질문도 있다. 생활 속에 적용하는 방법을 묻는 질문도 있다. 그렇다면 어떤 질문이 좋은 질문이고 어떤 질문이 나쁜 질문일까?

언제, 어디서, 무엇을, 어떻게, 왜 묻느냐를 종합하여 질문을 평가할 수 있다. 질문의 내용뿐만 아니라 질문의 순서도 중요하다. 질문자의 표정이나 말투도 크게 영향을 준다. 대화하기에 적합한 장소를 선택해야 하고, 상대방의 감정 상태에 따라 하지 말아야 할 질문도 있다. 좋은 질문을 하기 위해서는 치밀한 준비가 필요하다.

아이들은 하루 종일 재잘거린다. 언어에 익숙해지면 미주알고 주알 이야기하기를 좋아한다. '예.', '아니요'로 대답하는 질문은 아이들을 답답하게 한다. '내 말 좀 들어보라니까'라는 의사 표현은 자기 의견을 말하고 싶으니 제발 좀 들어 달라는 호소이다.

하늘이 엄마가 던진 일상적인 질문은 아이들에게는 귀찮은 질문이다. "유치원에서 별일 없었니?", "점심은 맛있었니?", "오늘 재미있었니?" 이런 질문은 잘 다녀오라는 인사처럼 특별한 의미가 없다. 아이들도 관심을 받고 있다고 생각하지 않는다. 물론 대화로 이어지지 않는다.

정답을 유도하는 질문은 아이들의 생각을 막는다. 조급하게 아이들의 대답을 들으려 하지 말자. 참고 기다리면 스스로 말문을 열 것이다. 대답을 똑바로 하지 않는다고 화를 내거나, 빨리 대답하라고 아이들을 다그치면 대화가 단절된다.

감추고 싶은 비밀을 캐묻는 듯한 질문에는 아이들이 긴장하게 된다. 아이들이 긴장하면 말하고 싶은 사실조차 거짓으로 대답할 수 있다. 아이들과 대화하려면 먼저 부드러운 말로 마음을 편안하게 해주고, 아이들의 공감을 이끌어야 한다.

본격적인 대화를 하기 전에 아이들의 감정 온도를 조절하는 질문도 필요하다. "기분이 어때?", "왜 그런 기분이 들었어?" 이런 질문을 한 다음에는 반드시 긍정적인 피드백을 해주어야 한다. 감정을 물어보는 질문과 따뜻한 반응은 아이들의 마음을 열게 한다. 공감 하브루타에서 대화의 조건은 열린 마음이다.

아이들은 단답형 질문에는 단답형으로 대답한다. 형식적인 물음에는 형식적으로 대답한다. 아이들의 그런 대답을 들으면 내가 어떻게 질문했는지 생각해보아야 한다.

그렇다면 어떻게 말하는 것이 좋은 질문일까?

첫째, 생각을 물어보는 질문이다.

생각에는 정답이 없다. 틀린 답을 말할까 두려워할 필요가 없다. 무엇을 말해도 피드백을 받을 수 있다. 생각을 정리해 말하려면 아이들의 두뇌가 움직인다. 사고력이 쑥쑥 자란다.

"네 생각은 어때?", "왜 그렇게 생각해?", "오늘 선생님께 어떤 질문을 했니?", "어떻게 하는 것이 좋을까?", "할 수 있는 방법은 무엇이 있을까?"

둘째, 의견을 물어보는 질문이다.

무슨 일을 시작하기 전에 먼저 아이의 의견을 물어보는 것이 좋다. 의견을 묻는다는 것은 상대를 존중한다는 의미이다. 부모가 처음 생각한 계획이라도 아이의 의견을 반영할 수 있다. 서로 생각이 다르면 대화를 통해 조정하면 된다.

개인의 사적인 영역을 존중해주는 질문도 꼭 필요하다. "방에 들어가도 될까?", "얼굴에 뽀뽀해도 되겠니?" 내 자녀라도 개인의 공간이나 감정을 존중해주어야 한다.

셋째, 호기심을 자극하는 질문이다.

꼬리를 물고 궁금한 것들이 생겨나는 질문이 좋다. 모르는 것들을 알고 싶은 욕구가 생기게 한다. 대화가 형식적으로 끝나지 않으려면 끊임없이 이어지는 질문을 준비해야 한다.

"비는 어떻게 하늘로 올라갔을까?", "달은 왜 밤에만 보일까?", "물이 어떻게 얼음으로 변할까?", "아기는 어떻게 태어날까?"

무엇이든 관심 있는 분야를 선택해 다양한 생각을 나눌 수 있다. 특히 과학적 탐구와 관련된 질문들은 아이들의 호기심을 자극한다. 이스라엘 사람들은 일상 생활과 밀접한 질문으로 아이들의 생각을 자극한다. 질문이 삶의 일부이다.

한 아이가 어린이집 버스 안에서 잠들어 내리지 못했다. 외부 상황에 따라 차 안에 갇힌 아이의 생명이 위험할 수도 있었다. 어떻게 그런 일이 일어날 수 있는지, 선생님은 뭘 하고 있었는지 되묻는 사람들이 있다.

유치원에서 야외 활동을 하다 보면 왜 그런 일이 일어났는지 이해가 된다. 이동 중인 아이들에게 온 신경을 집중하다 보면 차 안의 상황까지 생각할 겨를이 없다. 복잡한 곳에서는 부모도 자녀를 잃어버릴 수 있다. 아이들이 교사의 통제에 따르지 않고 뿔뿔이 흩어져 버리면 대책이 없다.

아이들이 서로 돕게 하는 방법은 없을까. 안전교육을 하는 도중 아이들에게 이런 질문을 던졌다. 아이들의 생각을 일깨우는 질문이다.

"친구가 버스에서 자고 있다면 어떻게 할까?"

"깨워서 일어나라고 말해줘요.", "선생님께 말해요."

생각의 질문을 던지자 왁자지껄 서로 대답하겠다고 난리다. 사소해보이지만 선생님의 질문에 능동적으로 참여한 아이들의 기억은 오래 남았다. 야외 활동에서 자기가 대답한 대로 실천하는 아이들의 모습을 볼 수 있었다.

자녀들이 엄마의 질문에 귀 기울이게 하려면 어떻게 해야 할까?

평상시 아이가 자신의 마음과 생각을 표현했을 때 진정으로 공감해주어야 한다. 자기 이야기를 잘 들어주면 존중받고 있음을 느낀다. 아이들의 말을 들어주어야 어른들의 말에도 귀를 기울이게 된다.

자녀에게 폭넓고 깊이 있게 생각하는 능력을 길러주고 싶은가?

아이의 관심에 초점을 맞춘 질문을 준비해야 한다. 그리고 아이에게 생각할 여유와 자유롭게 표현할 기회를 주어야 한다. 좋은 질문은 생각뿐만 아니라 행동의 변화도 가져온다.

◆

11

아이의 좋은 식습관을 위한 네 가지 방법

우리나라 엄마들은 차려주는 대로 밥을 잘 먹어야 착한 아이라고 생각한다. 착한 것과 먹는 것은 별 관계가 없는데도 말이다. 어렸을 때는 '뭐든 잘 먹어야 착한 아이'라는 엄마의 강요에 못 이겨 좋아하지 않는 것도 눈 딱 감고 먹는다.

일곱 살 다빈이는 입이 짧아 밥을 잘 먹지 않는다. 또래 친구들보다 키가 작아 다섯 살 정도로 보인다. 다빈이가 밥을 제대로 먹지 않아 성장이 늦어진다고 생각하는 엄마는 걱정이 태산이다.

먹이려는 엄마와 안 먹겠다는 다빈이, 둘 사이의 전쟁은 그칠 날이 없다. 결국에는 엄마의 화를 돋우게 되고, 다빈이도 기분이 몹시 상한 채로 유치원에 온다. 그런 날이면 등원하자마자 유치원 현관에 주저앉아 대성통곡하며 교실에 들어가기를 거부한다.

"아침에 무슨 일 있었어?"

"엄마한테 혼났어요."

"그래서 속상하구나. 아침은 먹었니?"

"안 먹어서 혼났어요."

"왜 먹기 싫었는데?"

"카레라서요."

"먹기 싫다고 엄마한테 말하지 그랬어."

"엄마가 안 물어봤어요."

다빈이가 카레 때문에 울었다는 이야기를 꺼내자, 엄마가 깜짝 놀랐다. 엄마는 다빈이가 카레를 싫어하는지 몰랐다고 한다. 그것도 선생님에게 듣고 나서야 알게 되었다니 그 기분을 알만했다. '내가 엄마 맞아?' 엄마는 심하게 충격을 받은 듯했다.

아이들이 성장하려면 필요한 영양을 충분히 섭취해야 한다. 엄마는 그에 맞춰 음식을 준비한다. 아이들이 건강하게 자라려면 엄마가 준비해주는 대로 '많이' 먹으면 된다.

엄마도 다빈이가 '좋아하는 것만' 줄 수는 없었다. 다빈이 생각은 중요하지 않다. 다빈이에게 '꼭 필요한 음식'을 준비했다. 아이가 좋아하는 것이 무엇인지 물어본 적이 없다 보니, 아이의 식성을 제대로 알지 못한 것이다. 다빈이와 아침마다 전쟁을 치르는 이유이다.

어느 가정에서나 식사 메뉴를 결정하는 것은 엄마의 몫이다. 엄마들은 식사를 어떻게 준비해야 할지 고민을 한다. 때로는 '주는 대로 먹어.' 하고 권력을 휘두르기도 한다.

엄마들이여! 끼니때가 되면 오늘은 무엇을 먹을까 고민하지 말고 자녀들과 함께 이야기를 나누어보자. 단순한 질문이지만 가끔은 '뭐가 먹고 싶어?'라고 물어봐주는 것이 필요하다. 자연스럽게 필수 영양소에 대하여 말할 기회도 생긴다. '아무거나'라는 대답을 들을 때가 많아도, 아이의 의견을 묻는 것 자체로 의미가 있다.

매번 아이들이 원하는 메뉴를 준비할 수는 없다. 아이들이 원하는 식사 준비가 어려운 경우에는 이유를 설명한다. 그러면 아이들이 현실에 맞게 메뉴를 정하고 엄마는 따라준다.

"내일 아침은 뭐 먹고 싶니?"

"빵 먹고 싶어요."

"빵이 없는데 어쩌지?"

"그럼 뭐가 있어요?"

"미역국이나 김치찌개가 있는데."

"미역국이요."

아이들의 성장을 위해 꼭 필요한 음식이라도 무조건 먹기를 강요하면 거부감만 커진다. 억지로 먹더라도 아이들의 건강에 도움이 되지 않는다.

가끔은 아이들이 원하는 대로 준비해주자. 그러면 자녀들이 엄마의 의견을 존중해주고 올바른 식습관을 갖기 위해 노력할 것이다.

코끼리는 풀만 먹고도 덩치가 크다. 땅에서 코끼리보다 크고 힘센 육식동물은 찾기 어렵다. 육식동물이든 초식동물이든 자신이 원하는 것만 먹어도 충분히 성장할 수 있다.

세상의 엄마들은 자녀가 골고루 먹고 건강하게 자라길 바란다. 자녀들이 올바른 식습관을 갖고 다른 친구들만큼 성장하기를 기대한다.

아이들이 올바른 식습관을 갖도록, 엄마가 준비할 수 있는 여러 가지 방법들이 있다.

첫째, 아이들과 함께 시장을 보며 먹거리를 선택하도록 한다.

아이들이 다양한 먹거리를 눈으로 보고 손으로 만져보는 경험을 하면 자연스럽게 다양한 식재료와 친해진다. 먹거리에 대한 친숙함은 먹는 즐거움으로 연결된다.

음식 재료를 둘러보면서 음식에 무엇을 넣을지 직접 선택하게 하자. 처음부터 끝까지 음식이 만들어지는 과정에 참여하다 보면 특정 음식에 대한 거부감이 줄어든다.

둘째, 자녀와 함께 요리하며 자신이 만든 음식에 대한 호감을 느끼게 한다.

야채를 좋아하는 아이들이 많지 않다. 아이들이 야채를 직접 썰기도 하고 요리 과정에도 직접 참여하게 하자. 아이들은 자신이 직접 만든 음식에 특별한 의미를 부여한다. 유치원의 요리 시간에는 다양한 야채가 나오더라도 아이들이 빼내고 먹는 일은 드물다.

셋째, 함께 조리한 음식을 아이들이 원하는 그릇을 골라 예쁘게 담아보게 한다.

그릇에 음식을 담을 때도 정성을 다하여 플레이팅 하도록 한다. 먹기 아깝다고 할 만한 작품을 만들어 보도록 격려한다.

도화지에 그림을 그리듯 음식을 진열하면서 음식의 소중함을 느끼게 된다. 음식을 어떻게 담는 것이 보기 좋은지 아이디어를 고안하다 보면 예술적 감각도 생겨난다.

시간이 걸려도 기다려주어야 한다. 음식이 식는다고 아이들을 다그치면 오히려 역효과가 날 수도 있다.

넷째, 아이들과 하브루타로 식사 규칙을 정하는 것도 좋은 방법이다.

고기와 야채를 함께 먹기. 한 끼 햄을 먹었다면 다음에는 생선을 먹기. 이와 같이 간단한 규칙의 제안으로도 아이가 좋아하는 음식에 부족한 영양소 섭취를 유도할 수 있다.

아이들은 스스로 정한 규칙은 지키려고 노력한다. 유치원 교실 안에서도 음식에 대한 규칙이 있다. 자신이 만든 요리는 어떠한 것도 빼놓지 않고 먹기로 약속한다.

준이는 어려서부터 햄만 넣은 김밥을 좋아했다. 김밥에 다른 재료를 넣으면 먹지 않았다. 야채를 먹이기 위해 엄마는 다양한 방법을 시도해보았지만 고쳐지지 않았다. 햄과 야채를 잘게 다져 볶음밥을 만들어주는 방법도 실패했다.

준이 엄마는 색다른 방법으로 야채 먹는 습관을 들였다. 준이가 초등학생이 되자 엄마와 함께 하브루타를 하며 한 가지 식사 규칙을 정했다.

"햄버거에 토마토와 야채가 왜 들어 있을까?"

"글쎄, 맛있으라고 넣은 거 아냐?"

"그렇지. 건강에 좋기 때문이기도 해. 그럼 어떻게 먹어야 할까?"

"빼놓지 말고 모두 먹어야지."

엄마의 생각에 준이도 공감했다. 햄버거를 좋아하는 준이는 자연스럽게 그 속에 들어 있는 야채를 먹게 되었다. 물론 준이는 육식을 좋아한다. 지금도 야채를 즐겨 먹지는 않지만 골라내고 먹지는 않는다. 다행히 준이는 엄마의 걱정과는 상관없이 다른 아이들처럼 키도 크고 건강하다.

자녀가 바람직한 식습관을 갖기 바라는가. 그렇다면 식사와 관련된 모든 과정에 아이가 참여하도록 하라. 함께 요리하며 대화하다 보면 음식을 만드는 엄마의 능력이 대단하다는 것도 깨닫게 된다. 저절로 엄마와의 관계도 좋아진다.

요리할 때도 하브루타를 하고 식사 규칙을 세울 때도 하브루타를 하라. 아이들은 자신이 결정한 재료로 자신이 만들기도 하고, 자신이 정성껏 담은 식사를 소중하게 생각하며 즐겁게 먹게 될 것이다.

◆

아이를 올바른 식습관을 가진 아이로 키우려면 요리 하브루타를 하라.

12

공감과 칭찬으로 아이들의 꿈에 날개를 달아주세요

어느 날 유치원 일에 지친 몸으로 퇴근했는데 주방과 거실이 폭격을 당한 전쟁터로 변해 있었다. 칼, 도마, 온갖 조리 도구는 식탁 위에 나뒹굴고 있고, 거실 바닥에는 밀가루가 여기저기 흩뿌려져 엉망이었다. 설거지통 배수구에는 녹지 않은 버터 덩어리들이 엉겨 붙어 있었다.

너무 피곤하고 아무것도 손대고 싶지 않았기에 그만 화가 머리 꼭대기까지 치밀어 올랐다. 앞뒤 가릴 것 없이 아이에게 버럭 화를 내고 말았다. 잘해보려다 실수한 아이가 수습하고 정리하도록 기다려주지 않았다.

평소 같으면 마음의 여유를 가지고 엉망진창이 되어버린 사연을 들어주었을 것이다. 자기가 실수한 이유가 무엇인지 어떻게 하면 성공할 수 있었는지, 자기 생각을 재잘거리며 이야기했을 텐데….

변명할 틈도 주지 않고 나의 힘든 감정을 아이에게 쏟아부었다. 그런 나의 행동은 엄청난 결과를 빚고 말았다. 계속되는 실패에도 굴하지 않고 멋들어지게 쿠키를 만들어 보려던, 아이의 꿈을 포기하게 만들었다.

큰딸 세연이는 민감한 아이다. 눈치가 빠른 세연이에게 자신이 사용한 그릇을 깨끗이 설거지하는 습관이 생겼다. 하지만 더 이상 쿠키를 만드는 일은 하지 않았다.

세연이에게 요리하기를 중단한 이유가 무엇인지 물어보자 "이젠 귀찮아"라고 짧게 답했다. 엄마의 격려가 필요한 상황에서 오히려 화를 냄으로써 아이가 요리에 대해 흥미를 잃게 만든 사건이다.

화부터 내는 엄마의 태도는 아이의 마음을 상하게 한다. 나는 아이에게 '화내서 미안하다'라고 사과했다. 하지만 아이의 마음에 새겨진 상처는 쉽게 회복되지 않았다.

세연이의 꿈은 쿠키를 만드는 작은 디저트 가게를 운영해보는 것이었다. 나의 순간적인 실수로 소박한 꿈을 꾸며 행복해하던 아이에게 찬물을 끼얹어버렸다. 그날 이후 머랭 쿠키는 먹지 못했다.

아이들이 자신의 진로를 스스로 결정하지 못하는 이유 중에 부모에게 받은 마음의 상처가 있는지 살펴보아야 한다.

아이가 장래의 꿈을 이야기했을 때 부모에게 꾸지람을 받은 기억이 있지는 않은가. 처음으로 밝힌 자신의 꿈을 부모가 대수롭지 않다고 반응하지는 않았는가. 한두 번 자신의 꿈을 공감받지 못한 기억이 있다면, 자신의 속마음을 이야기하는데 주저하게 된다.

하브루타를 하려면 서두르지 말고 한 박자 늦추는 자세가 필요하다. 아이에게 속상한 일이 있었다면 쉽게 마음을 열지 않는다. 아이가 머뭇거린다고 조급한 모습을 보이면 안 된다. 아이들도 마음의 준비가 필요하다. 아이들이 반응할 때까지 참고 기다려주어야 한다.

아이들의 꿈은 어떤 계기가 있을 때마다 바뀐다. '전에는 뭐라 하지 않았어?'라고 상기할 필요는 없다. 아이들이 꿈을 키울 때 부모의 공감이 필요하다.

머랭 쿠키 사건이 잊혀질 무렵, 세연이에게 장래 희망을 물어보았다.

"플루리스트가 되고 싶어요."

"너무 멋지다. 엄마도 그 꿈이 꼭 이루어지기 바래."

부모가 공감해주면 동기부여가 되고 아이의 꿈이 자란다. 꿈을 이루어 사람들에게 좋은 음악을 들려주기 바란다고 격려해주었다. 아이는 자신의 연주가 사람들을 행복하게 해줄 수 있는지 궁금해했다.

부모의 질문은 아이들의 막연한 생각을 구체화 시켜준다. 부모의 질문을 통해 어떻게 준비해야 하는지 알게 된다. 부모의 격려로 아이는 꿈을 꼭 이루겠다는 다짐을 한다. 부모의 공감으로 아이들은 자신감을 채운다. 부모의 칭찬과 격려는 아이들의 꿈에 날개를 달아주는 것이다.

아이들은 일상 생활에서 부모와의 공감 활동을 통하여 다양한 꿈을 키워간다. 자녀들이 부모의 직업을 이어가는 것은 평소의 공감 활동이 크게 영향을 준 것이다.

의사의 자녀가 의사로 성장하는 경우를 어렵지 않게 볼 수 있다. 교사의 자녀 중에 교사가 되는 경우도 흔하다. 부모의 직업을 이어가는 자녀들은 부모와 직·간접적으로 공감하며 꿈을 키운 결과일 것이다.

부모들의 꿈을 자녀에게 강요하면 아이들의 부담감은 엄청나다. 부모가 요구하는 꿈을 자신의 것으로 받아들이고 어려움을 견뎌냄으로써 기대에 부응하기도 한다.

아이들은 칭찬의 힘으로 힘든 고비를 넘긴다. 아이들은 부모의 칭찬을 받고 싶어 열심히 노력한다. 내가 세연이의 노력을 칭찬해 주었다면 생크림을 얹은 달콤한 머랭 쿠키가 탄생했을 것이다.

아이가 힘껏 노력해도 따라갈 능력이 되지 않으면 강요하지 말아야 한다. 어려서는 부모의 강요에 마지못해 따르지만, 아이들의 꿈과 동떨어진 부모의 요구 때문에 청소년기에 이르면 방황하는 원인이 된다. 자녀들과의 관계가 단절되는 경우도 생긴다.

부모의 지원 없이 꿈을 실현하기란 쉽지 않다. 그럼에도 불구하고 자기 꿈을 이루기 위해 모험을 하는 청소년들이 늘고 있다.

부모가 자기 꿈을 공감해주지 않더라도 끝까지 포기하지 않고 꿈을 이루는 경우가 있지만, 자기 꿈을 이루지 못해 불행한 삶을 살기도 한다. 부모가 자녀들의 꿈을 공감하지 못하면 서로 힘들어진다.

프로이트(Freud)는 우리가 발달하지 못하고 성장이 정지해 있는 상황을 '고착(fixation)'이라고 불렀다. 고착이 생기는 이유는 무엇일까? 프로이트에 의하면, 원하는 것을 쉽게 얻어 과잉 충족되거나 반대로 원하는 것을 얻지 못해 일어나는 과잉 결핍이 더 성장시키지 못하고 한 지점에 계속 머물러 있게 만든다. 부모의 영향을 지나치게 받거나 전혀 공감받지 못하고 성장한 자녀들에게 이런 현상이 나타난다는 것이다.

피터팬 증후군은 육체적으로는 성숙하여 어른이 되어도 여전히 어린이처럼 대우받고 보호받기를 원하는 심리상태를 말한다. 부모의 영향력이 너무 커서 자신의 꿈을 키우지 못하는 아이들이다. 성인이 되어서도 정신적 물질적으로 부모에게 의존하는 마마보이는 꿈을 키우지 못하고 '어른 아이'로 평생을 살게 되는 것이다.

자신의 꿈과 다른 부모의 욕심 때문에 아이들은 힘들다. 자기 꿈에는 관심조차 주지 않는 부모가 툭 던지는 말 한 마디에 아이들은 마음의 상처를 받는다. 아이가 원하지 않는 부모의 꿈을 강요하지 말자. 그 꿈이 이루어진다 해도 아이들의 행복한 삶을 보장하지는 않는다.

부모들이 아이의 소박한 꿈을 공감하고 격려하여 자녀를 행복하게 해주기 바란다. 아이들은 부모가 칭찬하면 꿈을 키워가고, 질책하거나 하찮게 생각하면 꿈을 쉽게 포기한다.

아이들의 꿈은 언제나 바뀔 수 있다. 부모의 마음에 드는 꿈이 아니더라도 아이를 응원해주어야 한다. 풍부한 경험을 통해 아이들의 꿈은 한껏 성장한다.

◆

부모의 공감 한 마디가 아이들의 꿈을 키울 수도, 바꿀 수도 있다.

2 부

대화의 방법

공감의 대화 능력, 하브루타가 답이다

하브루타는 아이들의 이야기에 귀 기울인다.
그러면 아이들의 말도 많아진다.
아이들은 서슴지 않고 자신의 마음속에 감추어둔
이야기보따리를 푼다.
자기 의견을 분명하게 밝힐 줄 알고 감정표현도 잘한다.

01
상담은 아이에게 말할 기회를 주는 것이다

한결이는 노랑버스를 타고 등원한다. 노랑버스를 타면 기분이 썩 좋지 않다. 거의 매일 무언가로 불만이 가득하다. 버스를 기다리며 화를 내기도 하고, 버스에 타서 앞 의자를 걷어차기도 한다.

그날 등원 시간에도 뭔가 사건이 있었던 모양이다. 차량 담당 선생님이 교무실에 들어서며 고개를 절레절레 흔든다.

"정말 아침마다 저 아이 때문에 너무 힘들어요."

한결이는 누나와 같이 유치원을 다닐 때도 1년 내내 차량 지도 교사를 괴롭혔다. 일곱 살이 되면 자연스레 의젓해질 것이라는 기대도 있었지만, 그런 기적은 일어나지 않았다.

오늘도 버스에서 선생님 말을 듣지 않고 제멋대로 행동한 모양이다. 화가 잔뜩 난 선생님의 모습을 보면서 무엇 때문에 한결이가 화를 냈는지 궁금했다. 씩씩거리며 교실로 올라가려는 한결이를 불러 교무실 의자에 앉혔다.

상담하기 전에 시원한 물을 한 컵 주고, 아이의 마음이 누그러지기를 기다렸다.

"뭐 때문에 화가 났어?"

화가 덜 풀렸는지 묵묵부답이다.

"누가 화나게 한 걸까?"

"엄마요."

"엄마가 어떻게 했는데?"

"기억을 못해요."

아직도 화가 풀리지 않았는지 씩씩거린다.

"그랬구나. 뭘 기억 못하셨어?"

"말하고 싶지 않아요."

"그래. 그럼 1분 후에 이야기해줄 수 있겠니? 긴 초바늘이 6에서 시작해서 6으로 다시 돌아오면 1분이 지난 거야."

"그때 말할게요."

아이는 초바늘이 도는 모습을 뚫어지게 쳐다보았다. 긴 침묵 같은 1분이 지났다.

"이젠 말해 줄 수 있어? 엄마가 무엇을 기억 못했는지 말이야."

"도복이요."

"그렇구나. 그런데 도복은 누구 물건일까?"

"내 거요."

"한결이 물건인데…. 누가 챙겨야 하는 걸까?"

"제가 챙겨 볼게요."

씩씩하게 대답해준 아이에게 공감의 표현으로 '공감 바나나 카드'를 주었다. 바나나 모양의 공감 카드는 아이들에게 위로가 될 만한 말들이 적혀 있다. 한결이가 받은 바나나 카드에는 이렇게 적혀 있었다.

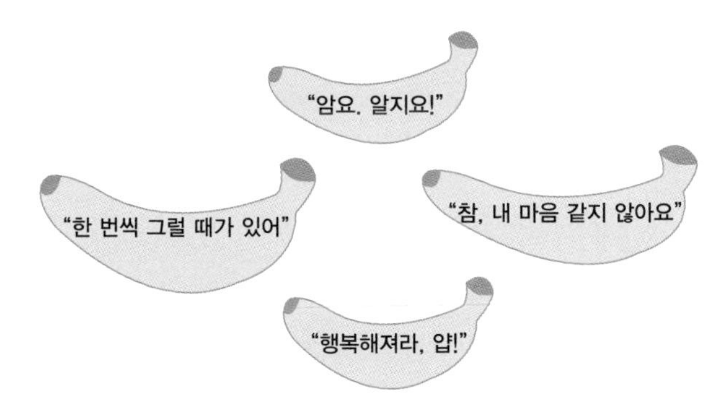

"잘 생각했어. 내일 아침 등원한 후에, 도복을 누가 챙겼는지 선생님한테 꼭 알려줘."

한결이를 칭찬해주며 교실로 돌려보냈다. 도복을 스스로 챙긴다면 엄마 때문에 화낼 필요가 없다는 것을 의미한다.

다음 날 담임 선생님으로부터 한결이 이야기를 전해 들을 수 있었다.

하원을 한 후, 한결이는 엄마에게 '엄마 미안해.' 하고 사과했다. 엄마가 깜짝 놀라 유치원에서 무슨 일이 있었는지 알고 싶다며 전화 상담을 요청하셨다. 원감 선생님과 대화를 통해 공감한 이야기를 그대로 전달했더니 엄마는 웃음으로 감사함을 표현했다.

알고 보면 단순한 일로 아이, 엄마, 선생님 모두 힘들었다.

나는 아이들을 바라볼 때 선입견을 갖지 않으려 노력한다. 한결이와 상담하면서 '선생님을 힘들게 하는 문제 아이'라는 생각으로 대화했다면 아이 마음에 공감할 수 있었을까.

천방지축 아이들에게도 자기 생각이 있다. '아이들이 무엇을 알겠어?'라는 생각을 하면 대화가 안 된다. 아이들의 마음에 공감해주면 스스로 깨닫는다. 한결이도 자기가 도복을 챙기지 않아 생긴 일이라고 생각이 바뀌었다.

한결이와의 상담은 '왜 그랬을까?'라는 나의 교육적 호기심에서 출발했다. 아이에게 자기 생각을 말할 기회를 주었을 뿐인데, 아이가 마음을 연 것이다.

아이들의 말을 들어주는 것은 관심과 사랑의 표현이다. 작은 관심이 아이들의 마음을 움직인다. 자기 말을 들어준다고 생각하면 마음을 연다.

한결이는 자기의 잘못을 돌아보고, 놀랍게도 엄마에게 사과하는 용기 있는 행동까지 보여주었다. 매일 혼나고 화내는 것이 일과였던 아이가 처음으로 공감을 받아서 변화도 극적이었던 모양이다.

공감 하브루타를 만난 후 처음으로 상담한 아이가 한결이였다. 어설프게 대화를 시작했지만, 아이의 변화를 보고 나 스스로 자신감을 얻었다.

유아 상담은 아이들의 올바른 성장 발달이 목표이다. 미성숙한 아이들이지만, 자기 생각이 있다는 점을 잊지 말아야 한다.

매번 상담에 성공할 수는 없다. 철저하게 이중적인 태도를 보이는 아이와 공감하기 위해서는 오랜 시간이 필요하다. 부모의 태도에 문제가 있으면 아이의 태도 변화가 어려울 수도 있다. 일곱 살이라고 해서 모두 어린아이처럼 생각하는 것은 아니다.

하브루타를 하기 전에 아이가 편안함을 느낄 수 있도록 따뜻한 분위기를 조성해야 한다. 집중할 수 있는 주변 환경의 조성과 라포를 형성하기 위한 대화도 필요하다.

아이들과의 상담 하브루타에서 유의할 점은 다음과 같다.

첫째, 아이에게 말할 기회를 주고 끝까지 들어주어야 한다.

중간에 말을 자르지 말자. 속마음을 털어놓을 수 있도록 충분한 시간을 주고 기다려야 한다. 말문이 막히면 풀어갈 수 있도록 거들어준다.

아이들이 말을 할 때 주의 깊게 들어야 성공할 수 있다. 유아들의 말을 있는 그대로 들어주는 것이 중요하다. 끝까지 들어주려면 인내가 필요하다.

둘째, 아이의 말을 지지하고 공감해준다.

공감의 표시로 고개를 끄덕이거나 '그렇구나'라는 반응을 해주어야 한다. 하지만 잘못된 일에 '나도 그렇게 생각해'라고 공감의 표시를 하면 안 된다. '그렇게 생각했구나'라고 생각을 인정해주면 된다.

부모로부터 공감받지 못한 아이는 겉과 속이 다를 수 있다. 앞뒤가 맞지 않게 말하거나 말이 자꾸 바뀐다. 아이들은 사실과 상상의 이야기를 혼동하기도 한다. 그럴 때는 '이거와 그거는 어떤 관계가 있을까?' 하고 대조하면서 질문을 던지면 사실관계에 맞도록 아이 스스로 바로 잡는다.

셋째, 아이가 해결 방법을 찾도록 도와준다.

아이들은 지시와 명령에 지쳐있음을 기억하자. 말할 기회를 주면 아이 스스로 답을 찾는다. 말을 부드럽게 해도 '이렇게 하자'라고 유도하는 말을 하면 아이가 동의하지 않을 수도 있다. 아이들이 지시로 생각하기 때문이다.

아이에게 부족한 부분이 있으면 '이런 건 어때'라며 대안을 알려주고 생각할 시간을 준다. 아이가 올바른 방향을 찾으면 '참 좋은 생각이야.', '꼭 그랬으면 좋겠어'라고 격려해주자.

◆

아이의 말을 들어주고 공감해주면 생각과 행동이 변한다.

02

아이가 느끼는 언어의 온도는 다르다

여섯 살 준우 엄마의 상담 요청이 있었다. 갑작스러운 상담 요청은 언제나 가슴 졸이게 한다. 말이 상담이지 학부모의 항의가 대부분이다. 엄마의 걱정스러운 눈빛과 교실에 들어가기 싫다고 말하는 준우가 눈앞에 아른거렸다.

"어제 준우 목소리가 많이 쉬어서 왔어요. 목소리가 안 나올 만큼 쉰 적은 처음이에요."

"왜 목이 쉬었을까요?"

"유치원에서 울었다고 하더라고요. 이유를 물어보니 선생님들이 준우에게 '청개구리 준우야'라고 말했대요."

"저런…. 준우가 많이 속상했나 봐요."

"청개구리가 무슨 뜻인 줄 아냐고 물었더니, '못생긴 친구들을 부르는 말'이라 했어요."

"뭔가 나쁜 말이라는 느낌을 받은 거네요."

"그런데 이상한 건 선생님들이 모두 콕 찍어 준우 이름을 부르면서 그렇게 말했다는 거예요. 애가 얼마나 속상했으면 목이 쉬도록 울었나 싶어 밤에 잠이 오지 않았어요."

엄마들은 무슨 일이 생기면 아이에게 꼬치꼬치 캐묻는다. 아이들은 사실에 감정을 더해 이야기한다. 엄마는 아이의 감정에 쉽게 흔들린다. 감정이입이 공감은 아니다. 아이들의 오해에 엄마의 상상력이 보태져 사건을 확대 해석한다.

아이들은 엄마가 흥분한 상태에서 '이런 거지? 맞지?'라고 물으면 무슨 말인지 모르면서 고개를 끄덕이거나 '그렇다'라고 대답하기도 한다. 엄마의 생각이 아이들이 겪은 사실과 일치하는 것은 아니다.

준우 엄마는 나름대로 아이의 생각을 존중한다. 아이에게 청개구리의 뜻을 물어본 것으로 짐작할 수 있다. 흥분하지 않고 차분하게 상담에 임하는 모습을 보며, 가슴 한편이 따뜻해지는 것을 느꼈다.

담당 선생님에게 어제 준우에게 무슨 일이 있었는지 물어보았다.

준우가 놀잇감 정리 시간에 딴청을 피웠다고 한다. 한 선생님이 "이렇게 반대로 행동하는 건 청개구리인데, 준우는 청개구리가 되고 싶구나"라고 말했다. 장난기 많은 준우가 그래도 말을 듣지 않자 옆에 있던 선생님이 "준우 청개구리가 되었네. 어떻게 해요"라고 다시 말했다. 선생님의 청개구리는 귀엽지만 말을 잘 듣지 않는 아이였다.

그때까지도 준우는 별 반응이 없었다. 그런데 부장 선생님이 들어와 웃으면서 귓속말로 "준우야. 너 청개구리 됐어. 어떡하니?"라고 말했다. 뭔가 이상한 느낌을 받은 준우가 속상한 마음에 혼자 눈물을 흘렸다. 선생님들은 별다른 낌새를 알아차리지 못하고 준우와 아이들을 하원시켰다.

선생님들은 '엄마 말을 듣지 않고 거꾸로 행동한 청개구리' 이야기를 떠올리며 장난기 많은 준우를 놀린 것이다. 준우는 그 이야기를 알지 못한다. 그런 말을 할 때 교실의 분위기는 나쁘지 않았다. 하지만 준우의 언어 온도를 느끼지 못한 선생님들의 표현방식이 준우를 속상하게 했다. 무심코 던진 돌에 개구리가 맞은 격이라고나 할까.

언어는 느낌으로 안다. 외국어를 배울 때 단어의 뜻을 몰라도 말하는 사람의 억양이나 표정으로 단어의 의미를 짐작한다. 준우는 청개구리라는 단어를 '못생겼다'라는 의미로 받아들였다. 선생님들의 말투나 표정을 보고 자기를 놀리고 있음을 알아차린 것이다.

상황을 파악하고 나서, 준우 어머니에게 선생님들의 실수에 대해 정중하게 사과했다. 부장 선생님이 준우를 따로 불러 사과하고 나쁜 의미가 아니었음을 설명해주었다. 명랑한 준우는 금방 마음이 풀려 즐거운 놀이에 빠져들었다.

준우가 하원하고 나서 엄마로부터 전화가 왔다. 사건의 2막이 시작되는 걸까. 긴장의 끈을 늦출 수가 없다.

“선생님, 오늘 스승의 날인데 아침부터 준우 때문에 감사하다는 말 한마디 못 전해드리고, 신경 쓰이는 말을 해서 죄송해요.”

준우는 목이 붓고 열이 올라 병원에 다녀왔다고 한다. 준우가 목이 쉬었던 것은 편도선이 부어서 그런 것이라 한다. 준우가 몸이 아파 목소리가 쉰 것을 아무도 알아채지 못한 것이다. 엄마는 본인의 생각에 빠져 준우의 언어 온도를 잘못 해석했다.

오늘 하루는 아침에 연극의 막이 오르고 저녁이 되어서야 끝난 장편극을 두 번 본 느낌이었다.

언어의 온도 차이는 그런 것이다. 선생님의 청개구리는 귀엽다는 표현이었지만 아이는 놀림으로 받아들였다.

잠자리에 들기 전 엄마의 걱정스러운 질문을 받자 준우는 선생님들이 자신을 못생겼다고 욕한 것으로 해석했다.

엄마는 아이의 말 한마디에 감정이 이입되었다. 아이의 목소리가 쉰 것을 보고 판단이 흐려졌다. 한 번도 그렇게 아픈 적이 없었던 아이라는 생각이 언어의 온도 차이를 만들었다. 엄마의 상상력으로 마치 교사가 언어폭력을 행사한 것처럼 느낀 것이다. 그래서 준우의 목이 아픈 진짜 이유를 살피지 못했다.

어른들은 자기의 언어 습관을 돌아보지 못하는 경우가 있다. 아이에게 전달되는 단어 하나하나가 어떻게 받아들여질 것인지 생각하지 못하는 실수를 한다. 긍정적인 의미로 사용한 단어를 아이들이 부정적인 느낌으로 받아들이기도 한다. 작은 말실수라도 아이들에게는 커다란 상처가 될 수 있다.

아이들의 언어 온도는 민감하다. 아이가 무언가 호소할 때, '별거 아닌 걸 가지고 그래'라고 무심하게 넘기는 어른들이 있다. 아이들에게 '알아듣도록 말해봐'라고 논리를 따지는 어른들도 있다. 아이들에게는 단어로 표현하지 못하는 언어 이상의 언어가 있음을 알아야 한다.

교사들이 평소 올바른 언어를 사용하려고 노력하는 것은 안다. 그러나 한 번쯤 자신의 말과 아이들의 언어 온도를 비교해보라.

부모들이여. 자녀에게 하는 말이 아이들에게 어떻게 전달되는지 아이들의 언어 온도를 느껴보라. 나의 자녀들이기에 아무렇게나 말해도 괜찮다는 생각은 고쳐야 한다.

언어 온도는 말하는 사람의 눈빛과 몸짓, 억양 등으로 달라질 수 있다. 듣는 사람의 감정에 따라 변할 수도 있다. 대화하는 장소와 분위기도 영향을 준다. 언어의 온도 차이는 매우 복합적인 원인으로 듣는 사람마다 다르게 느낀다.

상대방과 공감해야 비로소 상대의 진심을 알게 된다. 언어의 온도 차이를 느끼려면 공감할 수 있는 언어로 하브루타 하자.

◆

언어의 온도 차이를 이해해야 아이들의 감정을 제대로 알 수 있다.

03

엄마에겐 정답, 아이에겐 잔소리

설아는 여섯 살인데도 2학기가 다 지나가도록 엄마가 교실 앞까지 데려다주어야 하는 아이이다. 엄마가 챙겨주지 않으면 혼자서 제대로 하는 것이 없다. 엄마는 설아가 독립심이 부족해서라고 생각한다.

오늘은 2층 교실로 곧바로 올라가지 않고 머뭇거리더니 아예 1층 로비에 주저앉아 버렸다.

"왜 교실에 안 올라가니?"

"배가 아파요."

"언제부터 아팠어?"

"아침에요."

"왜 아픈 거 같아?"

"먹기 싫은데, 엄마가 다 먹으라고 했어요."

"뭘 먹었는데?"

"빵이요."

"설아는 뭘 좋아하는데?"

"나는 계란 햄버거 좋아해요."

"그럼 엄마한테 해 달라고 하지 그랬어."

"말했어요. 그래서 엄마가 계란 햄버거 해줬어요."

시시콜콜 별스러울 것 없는 대화로 보이지만 아이의 속마음이 들어 있다. 자기가 좋아하는 계란 햄버거를 먹고도 '빵'을 먹었다고 대답했다.

아이들은 필수 영양소를 충분히 섭취해야 건강하게 자란다. 엄마의 계획은 아침에 아이가 좋아하는 음식을 준비하여 아이에게 필요한 양을 먹이는 것이다. 아이는 자기가 좋아하는 음식이라도 먹고 싶지 않을 때 먹으라고 강요하는 건 싫어한다.

진짜 아이가 하고 싶은 이야기는 '그만 먹고 싶어요. 누가 우리 엄마 좀 말려줘요'라는 말일 것이다. 설아에게 배가 어떠냐고 슬쩍 물어보자 이젠 아프지 않다고 대답했다. 설아는 배가 아픈 것이 아니라 엄마의 공감이 필요했다.

때로는 부모가 '너를 위한 거야'라고 말하는 이야기도 아이에게는 잔소리로 들린다. 아이들은 그 말의 옳고 그름이나, 자신에게 유익한 것인지 해로운 것인지가 중요하지 않다. 자기에게 공감해 주지 않는 엄마의 말은, 아무리 좋은 말이라도 귀에 들어오지 않는다. '엄마도 내 말 들어주지 않았잖아'라고 생각할 뿐이다.

지난번 대화로 친해졌다고 생각했는지 설아가 먼저 말을 걸어온다.

"선생님 저 제주도로 이사 가요."

"우와! 좋겠다. 그런데 설아를 못 보게 되니 서운하다. 설아가 보고 싶으면 어쩌지?"

"사람들은 저보고 제주도 가서 살게 되었다고 좋겠대요. 저는 하나도 안 좋은데…."

"왜 안 좋아?"

"나는 유치원에서 친구들하고 놀고 싶어요. 여기가 좋거든요."

설아 엄마는 제주도에서 초등학교 시절을 보내는 계획을 세웠다. 시골의 아름다운 자연환경에서 어린 시절을 보내는 것이 아이의 정서 발달에 꼭 필요하다고 생각했다. 아이를 위한 일이라면 무엇이든 할 수 있다.

설아는 제주도로 이사 가는 것이 마음에 들지 않는다. 친한 친구들과 헤어지는 것이 슬프기 때문이다. 엄마는 그런 설아의 마음을 공감해주지 않는다. 아이들에게도 자기 생각이 있지만, 부모에게 말할 기회조차 주어지지 않는다.

부모는 자신의 계획대로 아이들을 이끌어간다. 부모의 결정이 옳다고 믿기에, 판단 능력이 부족한 아이의 생각은 중요하지 않다. 부모가 아이를 사랑하는 방법이다. 그런데 아이들은 부모가 자신의 말을 들어주고 공감해주어야 사랑받고 있다고 생각한다.

부모의 일방적인 결정보다는 아이의 말에 귀 기울여주자. 아이를 위한 계획이라면 아이와 충분한 대화를 나눌 필요가 있다. 아이들에게도 생각이 있고, 마음의 준비를 할 시간이 필요하다. 하브루타 대화는 아이가 엄마의 계획에 공감할 기회를 준다.

경쟁이 심한 도시에서 부모들이 자녀를 사랑하는 방법에 대해 생각해보자. 부모들은 '자녀를 성공시키는 것이 자녀를 사랑하는 것이다.' '친구들과의 경쟁에서 이겨야 성공할 수 있다.' '자녀를 성공시키기 위해 수단과 방법을 가리지 않는다'고 생각한다.

아이들은 엄마가 짠 스케줄을 자기를 위한 계획으로 생각하지 않는다. 부모가 성공을 바라는 것과 관계없이 아이들은 빈틈없이 꽉 짜인 생활에 지친다. 부모들은 무엇이 정말로 아이를 위한 것인지, 아이를 사랑하는 것인지 고민하지 않는다. 부모와 자녀 사이에 갈등의 씨앗이 자라게 된다.

아이들이 성공하기를 바라는가? 어떻게 해야 똑똑하고 창의적이며 인성이 바른 아이로 키울 수 있을까?

부모의 공감을 받아야 인성이 바른 아이로 성장한다. 아이들과 공감하기 위해서는 아이들의 의견을 존중하고 인격적으로 대해야 한다. 가정에서 존중받은 아이가 다른 사람들을 존중하는 아이로 성장한다.

두뇌학자 홍양표 박사는 《우리 아이 뇌 습관》에서 감정을 읽고 기다려줄 때 뇌도 긍정적으로 반응한다고 말한다. 또 아이들에게 강요하거나 잔소리가 심하면 뇌의 기억장치인 해마의 손상을 가져올 수 있다고 한다.

부모들의 스킨십과 대화가 아이의 뇌 발달에 도움을 준다. 공감받고 사랑받는다는 경험이 행복한 뇌 습관을 형성하게 한다. 행복한 뇌가 바른 인성으로 발전시키고, 기억력을 좋아지게 하며, 창의적 아이디어를 내는 것이다.

어른들이 자신의 의견을 무시한다고 생각하면 아이들은 정신적 스트레스를 받는다. 무엇이든 어른들이 일방적으로 강요하면 아이들의 두뇌는 심한 스트레스를 받는다. 두뇌가 스트레스를 받으면 인성이 발달할 겨를이 없고, 창의성을 북돋아줄 기회를 잃는 것이다.

유아기는 우뇌의 발달이 빠른 시기이다. 우뇌는 인성을 담당하고 있는데, 아이들은 놀이를 통해 협력과 상호존중을 배우며 규칙을 알아간다. 규칙을 지키며 다른 사람과 공감할 때 우뇌의 시냅스에 꽃이 핀다.

유아기 우뇌 발달의 중요성을 생각하지 않고, 오직 학습 경험으로만 채우려 한다면 이를 통하여 받는 스트레스가 아이들의 뇌를 망가뜨릴 위험이 있다.

감성을 담당하는 우뇌가 올바로 형성된 후 지식을 담당하는 좌뇌가 발달해야 인성이 바른 아이로 성장한다. 인성에 대한 가벼운 스트레스는 뇌를 자극하여 긍정의 습관으로 자리 잡는다. 하브루타가 주목을 받는 이유도 이런 과학적 이론의 뒷받침 때문이다.

아이들은 호기심이 많다. 시시한 아이들의 물음에도 반드시 대답해주어야 한다. 이럴 때는 정답을 알려주려 하지 말고, 의미 있는 질문으로 아이들의 생각을 자극하는 하브루타 대화를 하는 것이 최선의 양육 방법이다.

아이들의 자유분방한 의견을 경험이나 지식의 부족에서 오는 투정쯤으로 여기지 말자. 아이가 자신의 의견을 자유롭게 말할 수 있어야 생각하는 힘이 생긴다. 어른의 지시에 따라서 기계적으로 움직이는 아이는 스스로 생각하는 힘을 기르지 못한다. 사고력이 자라야 두뇌가 좋아지고 창의적인 능력도 생긴다.

하브루타는 공감을 통해 아이들의 인성을 발달시키며, 질문 만들기를 통해 창의적인 생각을 북돋아준다. 부모들에게 이렇게 부탁하고 싶다.

"질문하고 아이의 답을 기다려주세요.", "아이의 마음을 어른의 기준으로 수정하지 마세요."

아이들에게는 지시, 강요, 잔소리 등의 구분이 모호하다. 모두 똑같이 '싫은 것'으로 생각한다. 어른들의 생각을 일방적으로 강요하는 것은 아이들의 정서 발달이나 두뇌 발달에 결코 도움이 되지 않는다.

아이들은 말이 많은 것, 정답이라도 반복해서 말하는 것, 자기가 공감하지 않는 말 모두 잔소리로 생각한다. 아무리 좋은 계획이라도 아이가 공감하지 않으면 실제적인 효과는 미미하다. 아이들의 생각을 어른의 정답으로 고치려 하면, 아이들에게는 잔소리로 들릴 뿐이다.

◆

부모의 강요와 잔소리는 아이의 두뇌를 멈추게 한다.

04

아이의 속마음을 알고 있나요?

유나는 여섯 살 아이다. 1학기가 끝날 무렵, 울면서 유치원에 등원하는 날이 잦아졌다. 그러더니 몸도 아프지 않은데 결석했다. 혹시 유치원에서 무슨 일이 생긴 건 아닌지, 엄마는 불안하다. 담임 선생님은 원인을 파악하기 위해 분주하다.

아이들이 등원을 거부하는 데는 그만한 이유가 있다. 아이들에게 이유를 캐물어도 쉽게 대답하지 않는다. 6월쯤에 울고 등원하는 아이들은 경험상 친구 문제로 어려움을 겪는 경우가 많다. 이유가 무엇이든 먼저 속상한 마음부터 공감해주어야 한다.

유나의 마음을 달래주기 위해 그림책 《내 친구 호떡이》로 하브루타를 하였다. 너무 바빠서 생각할 여유조차 없는 주인공 꼬마와 너무 한가해서 하루 종일 빈둥거리기만 하는 고양이 호떡이가 하루를 함께 보내며 행복을 찾는다는 이야기이다.

책 표지 그림을 보고 느낀 점이 무엇인지. 책의 등장인물 중에서 누가 제일 마음에 드는지. 연못 속의 개구리는 무슨 생각을 하고 있을까. 나는 그림책 주인공 같은 친구랑 어떤 놀이를 할까. 책의 이야기가 끝난 이후 결말은 어떻게 되었을까. 이런 이야기들을 주고받으며 유나의 생각을 들어주었다.

그림책 하브루타와 같이 주제가 있는 책을 읽으면서 주의할 점이 있다. 교훈이 무엇인지 알려주려고 애쓰지 말자. 책의 내용을 이해했는지 확인하지 말자. 정답을 찾는 질문으로 아이를 괴롭히지 말아야 한다.

재미있게 본 내용, 보고 읽으며 받은 느낌, 등장하는 인물이나 주인공의 생각을 상상하게 한다. 주저리주저리 이야기하다 보면 막힌 가슴속이 뻥 뚫리는 느낌을 받는다. 사람이나 사물에 자기의 감정을 이입하여 마음속에 있는 이야기를 자연스럽게 털어놓기도 한다.

아이들은 자기 이야기를 잘 들어주는 사람과 라포가 형성되기 마련이다. 그림책 하브루타를 하고 난 후 유나와의 관계가 좋아졌다.

기분이 풀린 듯 보였지만, 다음 날 아침에도 유나는 울면서 등원했다. 교실에 올라가기 싫어하는 유나에게 왜 기분이 좋지 않은지 물어보았다. 어제는 친한 친구가 아파서 유치원에 오지 않았고, 단짝 친구 이외에 함께 놀아주는 아이가 없어서 속상했다고 한다.

"소윤이가 다른 친구와 놀고 있어서 속상했어요."

유나는 겨우 들릴락 말락한 작은 목소리로 자신의 마음을 표현하였다. 유나의 성격이 소극적이라 놀고 싶은 친구에게 먼저 다가가지 못했다. 지금 유나는 '나랑 같이 놀자'라고 친구에게 말하는 용기가 필요하다.

유나에게 어떻게 도움을 줄 수 있을까. 지난번 함께 보았던 그림책 하브루타의 확장된 활동으로 인형극 놀이를 제안했다. 역할극 놀이를 하면 친구와 대화하는 연습도 자연스럽게 이루어진다.

"우리 막대 인형 만들기 할까?

"인형 만들어서 친구랑 놀아도 되요?"

유나 목소리만 들어도 기대감을 느낄 수 있었다. 이번엔 또렷한 목소리로 자기 의견을 말했다. 유나는 한참 동안 밑그림을 그리더니 알록달록 색칠하고 요리조리 오려 붙여서 호떡이 인형을 만들었다. 친구와 함께 즐겁게 놀이할 것을 상상하며 정성을 다했다. 유나의 섬세함이 종이인형에 묻어났다.

하지만 월요일 아침에 등원한 유나의 표정이 시큰둥했다. 친구와 인형극놀이도 하지 않았다. 유나가 친구 문제로 등원하기 싫어했을 것이라는 내 생각은 보기 좋게 빗나갔다. 단순히 친구 문제로 그런 것이 아니었다.

다음 날, 유나는 아예 등원하지도 않았다. 유나는 식사조차 거부하면서 자기 방에서 나오지 않는다고 했다. 유나가 입을 굳게 다물고 속마음을 털어놓지 않으니 답답하기만 했다. 그렇다면 엄마와의 관계에 문제가 있는 것은 아닐까.

하루를 집에서 쉬게 하고 엄마는 유나를 설득해 유치원에 보냈다. 유나와 나는 '호떡이 인형'으로 라포가 형성되어 있어서 편안하게 대화할 수 있었다.

"하루 쉬고 유치원에 나온 기분이 어떻니?"

"그냥 학원에 가기 싫어요."

"왜 가기 싫은데?"

"엄마랑 같이 있고 싶어요."

엄마는 유나를 언니와 함께 발레학원에 보냈다. 물론 처음에는 유나도 좋아했다. 유나는 발레뿐만 아니라 무엇이든 언니보다 잘해서 엄마에게 잘 보이고 싶은 욕심이 컸다. 하지만 마음만 앞섰지 언니를 따라갈 수 있겠는가. 언니가 칭찬을 독차지하고 유나는 관심조차 받지 못했다.

아이들은 부모의 관심을 끌려고 긍정적 태도 또는 부정적 태도를 보일 수 있다. 유나는 발레를 잘하기 어렵다는 것을 알고, 이번에는 비뚤어진 태도로 엄마의 관심을 끌려고 했다.

하지만 엄마는 그런 유나의 행동을 이해하지 못하고 화를 냈다. 유나와 엄마의 관계는 점점 더 멀어졌다. 유나는 밥도 먹지 않고 등원을 거부하는 것으로 자기 의사 표현을 했다.

엄마는 유나를 사랑한다. 하지만 유나는 엄마의 사랑을 받고 있다고 느끼지 않았다. 사랑한다면 상대방의 입장을 고려해야 한다. 부모와 자녀 사이에도 마찬가지이다.

'부모와 자녀는 당연히 라포가 형성되어 있다'라는 생각은 부모의 희망일 뿐이다. 자녀들은 자기 의견을 무시한다고 생각하면 부모에게도 마음의 문을 닫는다. 아이들은 부모가 아니라 라포가 형성되어 있는 사람에게 진짜 속마음을 털어놓는다.

엄마에게 유나의 속마음을 알려주었다. 엄마는 유나가 발레학원에 보내 달라고 말해서 좋아하는 줄 알고 보냈다.

요즘 유나는 언니가 학원에 가 있는 동안 엄마와 함께 시간을 보낸다. 유나는 이제 울면서 등원하는 일이 없고, 결석도 하지 않는다.

자녀들이 예상치 못한 행동을 하면 부모들은 당황한다. 자기 자녀라도 속마음을 다 알지 못한다. 부모들은 '이유는 모르지만' 가정에서의 문제는 없다고 생각한다. 그래서 밖에서 원인을 찾고 책임을 회피하려 한다. 왜 그런 일이 생길까?

부모는 평소 대화도 하지 않다가 문제가 생기면 당황하여 자녀에게 속마음을 말해보라고 한다. 솔직하게 말하면 무엇이든 들어줄 것처럼 대화를 시작한다.

하지만 부모는 자녀에게 정답을 원한다. '지금은 어려서 몰라. 그러다가 뭐가 되려고. 나중에 어른이 되면 고맙게 생각할 거야.' 원하는 대답을 유도하려고 온갖 잔소리를 늘어놓는다. 자녀에게 공감해주는 것은 아이의 장래를 망치는 일이라고 생각하나 보다.

자녀들은 어차피 속마음을 말해도 통하지 않을 거고 잔소리만 듣게 된다는 생각에 부모가 원하는 정답을 말하게 된다. 그러면 부모는 자녀가 내 뜻에 공감한 것으로 착각한다.

자녀의 속마음을 읽으려 할 때 지켜야 할 것들이 있다.

첫째, 먼저 자녀의 말을 끝까지 들어주어야 한다.

자녀들이 말하는 도중에 끼어들면 안 된다. 이야기를 끝까지 듣고 난 다음 궁금한 것을 질문해야 한다. 자녀의 속마음을 알고 싶다면 먼저 자녀의 마음에 공감하라. 공감은 자기 생각이 존중받고 있다는 확신을 준다. 자녀에게 공감해주어야 속마음까지 꺼내놓는다.

둘째, 사실을 단정하는 유도 질문을 하지 말아야 한다.

아이들은 옳고 그름을 따지는 듯한 말을 하거나, 말하고 싶지 않은 사실을 캐묻는 듯한 질문을 하면 마음의 문을 닫는다. '잘했다고 생각해?', '이래서 그런 거지?'라고 대답을 유도하지 말자.

아이를 믿고 기다려 주면 스스로 말문을 열고 속내를 털어놓는다.

유나가 친구 이야기를 꺼내고 속상해하는 행동을 보여 '친구 문제'라고 생각했다. 하지만 문제의 원인은 전혀 다른 데 있었다. 이전 경험만으로는 아이의 속마음을 알 수 없다.

셋째, 속마음을 알아내 즉시 교육하려는 생각을 버려야 한다.

대화 도중에 자녀를 가르치려는 반응을 보이면 마음을 닫는다. 한꺼번에 해결하려고 조급하게 나서지 말자. 시간적인 여유를 갖고 하브루타 대화를 하자. 이야기를 충분히 들은 후 확장된 질문을 통해, 아이와 함께 문제 해결 방안을 찾아야 한다.

자녀를 사랑하는가. 자녀와의 관계를 개선하고 싶은가. 자녀를 부모 마음대로 하려는 태도부터 고쳐야 한다.

자녀가 원하는 것을 들어주겠다는 열린 마음을 가져야 한다. 하브루타 대화를 통해 부모가 먼저 자녀에게 공감해주어야 한다.

자녀의 속마음을 알고 싶다면, 너그러운 자세로 하브루타 대화하라.

05
아이의 거짓말, 이렇게 바로잡으세요

점심 시간, 6세반 선생님이 CCTV를 확인하려고 교무실로 찾아왔다. 교실에서 시우의 숟가락이 사라졌다는 것이다.

그 반 아이들은 사고뭉치 말괄량이 삐삐 같은 여자아이를 지목했다. 하지만 그 아이는 "제가 안 했는데요"라고 잘라 말했다. 사실을 확인해보아야 하는 상황이 벌어졌다.

선생님은 숟가락이 사라진 일보다, 모른다고 잡아떼는 반의 아이들에게 더 화가 났다. '이유를 아는 아이가 분명히 있으며, 반드시 증거를 찾아내 이번 기회에 아이들의 잘못된 행동을 바로잡고야 말겠다'라고 생각했다.

CCTV에는 시우의 짝꿍 은율이가 숟가락을 쓰레기통에 버리는 장면이 찍혀 있었다. 아무도 그 사실을 목격하지 못했다. 사실을 확인한 담임 선생님은 당황한 기색이 역력했다. 사고뭉치의 소행이라는 생각이나, 목격자가 있을 거라는 선생님의 짐작은 완전히 빗나갔다.

시우가 담임 선생님에게 점심 배식을 받으러 간 사이, 은율이가 아무도 모르게 숟가락을 '그냥' 쓰레기통에 넣은 것이었다.

"시우 숟가락을 왜 쓰레기통에 버렸니?"

"제가 안 그랬는데요."

"선생님이 다 알고 있어서 물어보는 거야. 정말 왜 그랬는지 이유가 궁금해. 혼내려고 하는 것이 아니니 말해줄 수 있니?"

"그냥요. 장난이었어요."

"만약에 은율이 숟가락을 시우가 쓰레기통에 버렸다면 기분이 어떨까?"

"기분 안 좋을 것 같아요."

"그래. 친구가 힘들어해. 이런 장난은 안 했으면 좋겠어."

아이들의 행동에는 어떤 이유가 있다. 생각 없이 '그냥' 행동한 것이 어른들은 이해하지 못하는 아이들의 세계이다. 자기 행동을 거짓말로 덮고 은근슬쩍 넘어가려는 심리도 마찬가지다.

은율이는 친구의 숟가락을 '그냥 장난으로' 버린 속마음을 제대로 말하지 못했다. 아이들은 의사 표현이 미숙하다. 어른도 아이들의 속마음을 정확하게 이해하기 어렵다. 아이를 다그친다고 속마음을 알아낼 수 있는 것이 아니다.

유아들이 거짓말을 하는 이유는 다양하다. 재미있다고 생각하고 장난삼아 하거나, 다른 사람의 이목을 끌려고, 벌이나 꾸중이 두려워서, 타인에게 불쾌한 일을 당하면 보복하기 위해, 탐나는 물건을 손에 넣기 위해, 친구를 돕기 위해서도 거짓말을 한다.

아이들의 거짓말에 어른들이 올바르게 반응하지 않으면 오히려 잘못된 행동이 습관으로 굳어진다. 아이들은 어른들이 말하는 그런 어려운 개념을 알지 못한다. 화내거나 벌을 준다고 문제가 해결되지 않는다.

아이들의 거짓말은 바로잡아 주는 것이 옳다. 그러나 아이들의 발달 특성을 알고 적절한 방법으로 가르쳐야 한다. 아이들에게 상처가 되지 않도록 조심해야 한다. 공감 하브루타는 아이들이 잘못을 스스로 깨달을 수 있도록 대화를 이끌어 간다.

은율이가 평소 거짓말을 하거나 문제를 일으키는 아이는 아니다. 시우와는 짝이지만 둘이 아주 친하게 지내지는 않았다. 그렇다고 서로 싫어하는 사이도 아니다. 그래서 왜 그런 행동을 했는지 더 궁금하다.

은율이가 숟가락을 버린 행동은 아무에게도 들키지 않게 정말 순간적으로 저지른 단순한 장난이었다. 아이들이 숨어 있다가 갑자기 '짠'하고 나타나 친구가 당황하는 모습을 보고 재미있다고 느끼는 정도이다. 그런 장난을 할 때 상대방의 감정은 생각하지 못한다.

담임 선생님이 상황을 심각하게 만들었다. 흥분된 표정으로 누가 한 짓이냐고 아이들을 다그치는 순간, 은율이는 혼날 것이 두려워 거짓말로 상황을 모면하려 했다.

입장을 바꿔 생각해보니 자신도 그런 일을 당하면 기분 나쁠 것이라는 데 은율이도 공감했다. 시우에게 "숟가락을 버려서 미안해"라고 사과했다.

아이들이 이런 거짓말을 시작하는 근본적인 이유가 무엇일까? 거짓말한 아이들은 왜 솔직하게 털어놓지 못하는 것일까?

EBS 〈부모〉라는 프로그램에서는 6살 아이들 17명을 대상으로 거짓말에 대한 실험을 진행했다. 아이들의 거짓말에 대하여, 부모의 이해를 돕기 위한 프로그램이었다.

아이들의 등 뒤에 동물인형을 두고, 뒤를 돌아보지 않기로 약속한 다음 실험자가 잠시 자리를 비웠다. 아이들은 실험 상황을 알지 못한다. 실험자가 다시 제자리로 돌아오기까지, 끝까지 약속을 지킨 아이들은 3명뿐이었다.

이어서 뒤에 놓인 동물과는 다른 동물의 울음소리를 들려주고, 뒤에 어떤 인형이 놓여 있는지 물어보았다. 각자 생각한 대로 대답을 하였다.

정답을 말한 아이들 가운데 뒤를 보았다고 솔직히 말한 아이들은 2명, 정답을 말하였는데 뒤돌아보지 않았다고 거짓말한 아이들이 9명이었다.

뒤돌아보아 정답을 알고 있으면서도 다른 동물의 이름을 말한 아이들이 3명이었다. 이 아이들에게 이유를 물어보니, 뒤돌아본 것이 들통날까봐 말하지 않았다고 했다.

아이들은 어릴수록 솔직하다. 거짓말은 인지 능력과 사고의 발달이 이루어져야 가능하다.

뒤돌아보고 정답을 맞혔다고 솔직하게 인정하는 것은 거짓말에 대한 초보인지 단계이다.

뒤돌아보지 않았다고 발뺌하는 아이들은 한 단계 높은 인지 발달이 이루어진 것이다.

뒤돌아본 사실을 숨기려 정답을 말하지 않는 아이들은 사고 능력이 한층 향상된 것이다.

이 아이들은 자기의 잘못을 감추려면 알아도 모르는 척, 자기 생각을 통제해야 한다는 사실을 알고 거짓으로 말한 것이다.

이 프로그램은 아이들의 인지 발달 과정에서 거짓말은 자연스러운 일임을 증명하려고 했다. 하지만 인지 발달 과정에서 어른들이 취해야 할 해결 방안은 제시하지 않았다.

유아들은 지능의 발달에 따라 거짓말의 내용이 달라진다. 유아들은 상상과 현실을 명확하게 구분하지 못하기 때문에 상상에 의한 거짓말을 하는 경우가 많다. 아이들의 거짓말은 어른들의 생각처럼 의식적인 것이 아니라, 거짓말로 인지하지 못하는 경우가 많다.

부모들은 자녀가 언제 처음으로 거짓말을 했는지 알고 있을까. 아이들의 거짓말을 눈치채지 못하고 넘어가는 경우도 있다.

부모들은 아이들의 비뚤어진 인지 능력 발달을 아는 순간 적잖이 당황한다. 적절한 지도 방법을 알지 못하면 적당히 혼내고 넘어간다. 아이들이 그럴 수도 있다는 생각으로 차일피일 미루다가 인성교육의 시기를 놓치기도 한다.

거짓말한 것을 처음 알았을 때 아이들이 어떤 생각으로 거짓말을 했는지, 어떻게 생각을 바로잡아주어야 하는지 충분히 고민했을까. 아무런 고민 없이 거짓말쟁이라고 미워하지는 않았을까.

부모들이 자녀에게 거짓말하지 않도록 교육하는 방법을 생각해보자.

흔히 '거짓말하지 마라'라고 명령으로 마무리하거나, 대화도 없이 벌을 준다. 바람직하지 않은 태도이다. 부모가 강압적인 방법이나 체벌을 사용하면 아이에게는 상처가 남는다.

거짓말한 아이에게 벌을 주는 것으로 당장 눈에 보이는 효과는 거둘 수 있다. 하지만 마음의 상처로 인해 다음에는 벌을 회피하기 위해 또 다른 거짓말로 발전할 위험이 있다.

아이의 거짓말을 바로잡으려면 아이에게 수용적인 태도를 보여야 한다. 원인을 정확하게 알고 바로잡기 위함이다. 아이가 '거짓말해도 괜찮다'라는 생각을 하지 않도록 주의하자.

또 아이가 '어쩔 수 없이' 거짓말했더라도 결과에 공감해주면 안 된다. 어쩔 수 없는 이유를 붙여 또다시 거짓말을 하게 된다.

아이들이 거짓말을 하지 않도록 바르게 가르쳐야 한다. 아이가 '거짓말이 잘못'이라는 사실에 공감해야 한다. 아이들은 규칙이 없으면 제멋대로 행동한다. 올바른 가르침은 아이들을 바르게 성장시킨다.

아이들에게 거짓말하면 벌을 받는다는 규칙보다, 거짓말이 자신, 상대방, 다른 모든 사람에게 상처를 주는 커다란 잘못임을 깨닫게 하는 것이 가장 중요하다. 거짓말이 다른 사람에게 어떤 영향을 끼치는지, 자신과 다른 사람의 관계가 어떻게 될지를 생각해보고 올바른 선택을 할 수 있도록 도와주어야 한다.

잘못을 깨닫게 하는 가장 좋은 인성교육 방법이 하브루타 대화이다. 아이들 스스로 결심한 일은 마음에 오래 남고, 또 잘 지키려 노력하기 때문이다.

◆

아이들은 무엇이 거짓말인지, 거짓말이 왜 나쁜 것인지 모를 수 있다.

아이의 거짓말, 이렇게 대처하세요!

1. 거짓말을 하는 순간 흥분하거나 아이를 다그치지 말고, 아이를 먼저 믿어줌으로써 사랑받고 신뢰받고 있다는 생각이 들게 한다.

2. 아이가 솔직하게 말할 때 이해와 공감의 마음을 표현하되, 아이의 거짓말에 공감하거나 관심을 보이지 않는다.

3. 아이에게 어떤 이유가 있을 것이라는 수용적인 태도를 갖고, 하브루타를 통해 거짓말이 나쁜 이유를 스스로 깨닫게 한다.

4. 아이에게 비난하거나 협박하는 말은 삼가고, 벌을 주기보다 정직한 마음을 갖도록 토닥여준다.

5. 부모의 양육 태도가 강압적인지 살펴보고, 거짓말하는 자녀에게 평소에 따뜻한 관심과 태도로 대한다.

06

솔직한 마음을 말할 줄 아는 아이는 공감능력이 높다

유치원에 오기만 하면 서로 으르렁거리는 7세반 친구들이 있다. 오래전 둘 사이에 다툼이 있었는데, 하민이가 지호 때문에 등원하기 싫다는 것이다. "나를 째려봤는데, 눈을 찢어버릴 거야"라고 한 지호의 말 때문이다.

담임 선생님이 직접 대화하기에 부담스럽고, 아이들이 솔직하게 말할 것 같지 않다며 나에게 상담을 부탁했다.

나는 아이들에 대해 궁금증이 생겼다.

지호가 왜 그런 말을 했을까? 뭔가 서로 오해가 있는 것은 아닐까? 하민이가 친구를 째려봤다면 이유는 뭘까?

지호는 "하민이가 분명히 나를 째려봤어요"라고 말했다. 이유를 물으니 "왜 그랬는지 기억나지 않아요"라고 했다. 지호의 말만 듣고는 사실을 정확히 파악할 수 없어 하민이에게 직접 물어보았다.

"하민아, 지호를 째려본 적 있니?"

"네."

"왜 그랬어?"

"영어 시간에 기분 나쁘게 했어요."

"뭐 때문에 기분이 나빴어?"

"기억이 나지 않아요."

수업 중 지호의 어떤 행동이 하민이 마음을 불편하게 해서 째려보았는데, 두 아이 사이에 감정의 앙금이 남은 것 같다.

'속상하다, 화난다, 밉다'라는 생각은 일어난 '사실'에 원인을 두고 있는 것이 아니라 모두 '느낌'에서 오는 것이다. 사실은 시간이 흐르면서 기억이 희미해지지만, 감정은 시간이 지나도 또렷이 남는다.

이번에는 두 아이를 함께 불러 서로의 기분을 알도록 감정 하브루타 대화를 했다.

"지호야. 다른 사람이 너를 째려보거나 미워하는 말을 들으면 어떻겠어?"

"기분 나빠요."

"하민아. 친구를 째려보고 나쁜 감정이 생기니까, 너의 마음은 어때?"

"속상해요."

서로 자기 마음을 이야기하고, 상대방의 생각을 들었다. 친구의 감정을 알게 한 것이다. 기분이 조금이라도 풀렸을 것으로 생각하고 다음 질문을 던졌다.

"서로 속상하고 감정이 나쁜데, 어떻게 하면 마음이 풀릴까?"

"하민이를 다른 유치원으로 보내요."

지호의 대답이 나를 당황하게 했다. 이 말을 듣고 있던 하민이는 "모르겠다"라며 고개를 좌우로 흔들었다. 아이들이 공감하지 않으니 공격성을 보인다.

"선생님은 하민이가 유치원을 옮긴다고 해서 화나고 속상한 마음이 바뀌지는 않을 거라고 생각하는데, 너희들 생각은 어때?"

이번엔 두 아이 모두 대답은 하지 않고 고개만 끄덕끄덕했다.

"그럼 속상한 마음을 풀려면 어떻게 하는 게 좋을까?"

잠시 생각하는 듯하더니 지호가 먼저 대답했다.

"서로 미안하다고 사과해요."

"그래, 잘 생각했어. 그런데 뭐가 미안했는지 분명하게 말하고 사과하면 돼. 그러면 친구가 사과를 진심으로 받아들일 거야."

하민이도 다른 방법이 없다고 생각했는지, 선생님 말이 맞다고 생각했는지 서로 사과하는 데 동의했다. 하민이가 먼저 손을 내밀고 악수를 청하며 "내가 째려봐서 미안해"라고 말했다. 지호도 하민이 손을 잡으며 “나도 기분 나쁘게 해서 미안해”라고 사과를 했다.

지호와 하민이는 사소한 오해로 서로 불편한 마음이 있었다. 감정 하브루타를 통해 서로의 마음을 알게 되고, 스스로 해결 방법도 찾았다.

어른 입장으로는 ‘쟤들 뭐야? 싸운 거 맞아?’라고 생각할 수 있다. 어른들은 누구의 잘못이 큰지, 누가 먼저 사과할 것인지 따지느라 화해하기 어렵다.

아이들은 감정 표현 방법이 시원하다. 솔직한 마음 전달만 있어도 쉽게 소통한다. 서로의 불편한 마음을 사과하고 나자 언제 그랬냐는 듯 사이좋게 지낼 수 있게 되었다.

다음 날, 하민이는 엄마 손을 잡고 등원하였다. 엄마는 하민이가 즐겁게 유치원에 갈 수 있게 되었다며 감사했다. 그동안 ‘째려본’ 하민이도 마음이 많이 불편해 유치원에 오기 싫었던 모양이다.

아이들은 사실보다 감정이 오래 남는다. 감정이 생기면 풀릴 때까지 두고두고 기억을 떠올린다. 속상하게 만든 아이도 화를 낸 아이도 마음이 불편하다. 누군가 먼저 자기 감정을 솔직하게 말하고, 서로의 마음을 알았다면 쉽게 풀렸을 것이다.

아이들의 감정 변화에 대한 이해가 있어야 하브루타로 공감할 수 있다. 부정적인 감정이 쌓이다 보면 틈이 벌어지게 되고, 틈이 커지게 되면 공감하기 어려워진다. 작은 감정이라도 쌓이지 않도록 솔직하게 감정을 표현하는 방법을 배워야 한다.

어른들은 자기 감정을 솔직하게 표현하는 것을 꺼린다. 어려서부터 참는 것을 미덕으로 여겨온 문화 탓이다. '세 번을 참으면 살인도 면한다'라고 하지 않는가. 기분이 나쁘거나 싫은 일이 있더라도 다른 사람의 입장, 사회적 논란 등을 생각해 어지간하면 참도록 훈련받아 온 것이다.

반면, 자기 감정을 과도한 행동으로 표출하는 사람도 있다. 어려서부터 자기 입장만 생각하고, 감정을 솔직하게 표현하는 방법을 배우지 못한 탓이다.

아이들에게 자기 감정을 있는 그대로 표현하는 교육이 필요하다. 참는 것이 미덕이 아니다. 마음에 감정을 담아두는 것이 오히려 나쁘다. 어른들의 '화병'은 감정이 마음에 쌓여 생기는 병이다.

상대방의 감정을 자극하는 말을 하지 않고, 자신의 의사를 전달해야 한다. 상대방에게 기분이 나쁜 이유를 말하고, 자기 생각을 분명하게 이야기해야 한다.

"네가 장난으로라도 나를 때리면 기분이 안 좋아. 그냥 말로 하면 좋겠어."

"네가 말없이 내 물건을 가져가면 속상해. 그러지 않았으면 좋겠어."

"네가 새치기 하지 않았으면 좋겠어. 뒤에 줄 서 있는 사람들이 모두 기분 나빠해."

하브루타는 서로의 마음을 솔직하게 말함으로써 의사소통 능력을 높인다. 솔직하게 감정을 털어놓으면 공감능력이 높아진다. 감정 문제가 해결되면 마음의 상처까지 치유된다.

의사소통은 사람들끼리 생각뿐만 아니라 감정을 나누는 것이다. 내가 가지고 있는 마음이나 뜻이 상대방과 서로 통하는 것이다. 사람이 사회 생활을 하기 위해서 필수적으로 갖추어야 하는 능력이다. 의사소통은 나의 마음을 솔직한 말로 표현하고 상대방이 공감해 줄 때 일어난다.

원활한 의사소통을 위해서는 다음과 같은 원칙을 지켜야 한다.

첫째, 일단 무조건 경청하라.

소통하길 원한다면 함께 이야기를 나눌 때 먼저 상대방의 이야기를 끝까지 경청해야 한다. 이것이 소통의 기본 원칙이다.

내가 이야기를 들어줄 때 상대방은 공감받고 있다고 느낀다. 나의 마음을 전달하기 전에 듣는 훈련부터 하는 것이 공감받는 첫걸음이다.

둘째, 나의 마음을 솔직하게 표현하라.

나의 솔직한 생각과 뜻을 말해야 공감받을 수 있다. 거짓이나 과장된 말은 상대방이 금방 알아차린다. 당장 알지 못하더라도 나중에 자연히 알게 되어 뒷감당이 어려워진다.

솔직함에는 감정이 포함된다. 슬픔, 기쁨, 두려움, 행복 등의 감정을 있는 그대로 말하면 된다. 이러한 감정은 부정이나 긍정의 의미가 아니라 느낀 그대로를 표현하는 것이다.

셋째, "아, 그렇구나."라고 반응하라.

상대방의 말을 들으면서 '음….', '아….' 등의 추임새가 필요하다. 눈을 마주치고 고개를 끄덕이는 몸동작으로도 공감을 받는다. 그럴 때 상대방은 말이 잘 통하고 있다고 느낀다.

친구에게 사과를 받고, "아, 그랬구나. 나는 네가 그렇게 생각했는지 몰랐어." 하는 공감만으로 상대방은 문제가 해결되었다고 느낀다.

◆

아이에게 자기 감정을 분명하고 솔직하게 말하도록 가르쳐라.

07

아이를 이해하려면 하브루타 하세요

부모교육이 있던 날이다. 현우 엄마가 직장에 출근하기 전 다급하게 유치원으로 찾아왔다. 하율이라는 친구가 현우의 목을 졸랐다고 한다. 현우 엄마는 "애들이 어떻게 목을 조르며 놀 수 있는지 이해할 수 없어요." 하고 말하며 좀처럼 흥분을 가라앉히지 못한다.

가정에 돌아간 아이들은 전후 사정 다 자르고, 자신이 속상했던 일만 말한다. 현우도 잠들기 전 갑자기 친구들이 자기를 괴롭힌 일을 기억해냈다. 엄마에게 앞뒤 내용은 빼고 '친구들이 놀다가 목을 졸랐다'라고 이야기했다. 엄마에게는 잠 못 이루는 밤이었다.

엄마는 다짜고짜 CCTV를 봐야겠다고 한다. 엄마의 마음은 이해되지만, 아무리 급해도 모든 일 처리는 규칙과 절차를 따라야 한다. 일단 바쁜 아침 시간이 지난 다음, 상황을 충분히 확인해 보고 결과를 알려주기로 했다.

영상을 확인해보니 담임 선생님도 놀이하고 있는 아이들 사이로 그냥 지나쳤다. 그때까지는 평범한 놀이가 이루어지고 있었다.

잠시 후 하율이가 현우의 등 뒤로 다가가 손으로 목을 조르는 것처럼 보였다. 하율이가 목을 잡고 있는데, 세아가 노란 바구니를 가져와 현우 머리에 모자처럼 씌웠다. 음성이 나오지 않는 화면으로만 보면 누군가에게는 놀이로 보이지만 누군가에게는 폭력적으로 보일 수도 있다.

현우의 울음소리를 듣고서 담임 교사가 개입해서 상황을 정리했다. 담임 선생님은 문제 상황을 즉시 파악하고 정상적으로 아이들을 지도한 것으로 보인다. 울고 있는 현우에게 친구들이 사과하는 것으로 마무리됐다.

그런데 엄마는 무엇 때문에 저렇게 화가 난 것일까. 담임 선생님이 상황을 마무리하고 엄마와 피드백을 하지 않은 것이 문제였다.

부모들에게 피드백하는 일은 조심스럽다. 부모의 성향에 따라 다르게 대처해야 한다. 어떤 부모는 '그런 것까지 알려주느냐?'라고 핀잔을 준다. 현우 엄마처럼 시시콜콜 모든 상황을 알려주기 바라는 부모도 있다.

현우는 또래에 비해 상당히 키가 작다. 엄마가 늘 걱정하는 이유도 아이가 작고 약하게 보이기 때문이다. 엄마는 내 아이의 체격이 작아서 덩치 큰 아이들에게 피해를 보았다고 생각했을 것이다.

체격은 작지만, 현우는 상황에 따라 어떻게 대처해야 하는지를 아는 영악한 아이이다. 실제로 목을 잡은 아이는 하율이였다. 그런데 현우는 엄마에게 자기와 친한 하율이 이야기는 쏙 빼고 다른 친구들 이야기처럼 돌려서 말했다.

"선생님이 궁금한 게 있는데…. 대답해줄 수 있어?"

현우는 대답 대신 고개만 끄덕인다.

"혹시 어제 속상한 일 있었어?"

"친구가 내 목을 졸랐어요."

"참 아프고 힘들었겠구나. 그래서 너는 어떻게 했어?"

"울었어요."

"아프다고 그만하라고 말하지 그랬어."

"놀다가 그런 거예요. 그런데 그냥 눈물이 나왔어요."

"친구에게 사과는 받았어?"

"하율이 한테요."

"다른 친구들은?"

"아무 말 안 했어요."

하율이 말고는 현우의 마음을 풀어주지 못했는지, 다른 친구들의 사과를 받지 못했다고 말했다. 선생님이 "현우에게 사과해"라고 말했지만, 선생님의 지시에 마지못해 형식적으로 사과한 모양이다. 아이들은 놀이 중에 일어난 일이라 잘못이라고 생각하지 않았다. 놀이 상황에 대한 공감이 없으니 사소한 일에도 엇박자가 나는 것이다.

현우는 하율이와 제일 친하다. 만나면 항상 즐겁게 놀이하는 친구다. 놀이하다 하율이가 자기를 조금 불편하게 해도 괜찮다고 했다. 현우에게는 다른 친구들이 힘들게 하면 참지 말고 언제든지 선생님에게 도움을 요청하라고 했다.

현우와 이야기를 나눈 후, 함께 놀이한 세 명의 친구들을 불렀다. 아이들은 이미 긴장한 모습으로 내 앞으로 다가왔다. 사실을 확인하고 현우와의 오해를 풀기 위한 하브루타 대화가 필요했다.

"혼내려고 부른 게 아니야. 너희들이 어떤 놀이를 했는지 정말 궁금해서 불렀어. 어제 너희들 무슨 놀이 하고 놀았는지 말해줄 수 있니?"

"엄마 아빠 놀이했어요."

"누가 엄마고, 아빠는 누가 했어?"

"내가 엄마, 하율이는 아빠, 세아는 언니였어요."

"그럼 현우는?"

"현우는 아기였어요."

"그런데 왜 현우 머리에 바구니를 엎어 놓고 그랬어?"

"도망가서요."

"왜 도망갔을까?"

"주사를 놓아주려고 했어요. 그래서 도망간 거 같아요."

"현우는 주사 맞기 싫었구나. 그럼 '나 주사 안 맞을래'라고 말해봤어?"

"아니요."

"말을 하지 않으면 그 마음을 모르지. 이야기해야 알 수 있어. 그런데 목은 왜 조르게 된 걸까?"

"자꾸 도망가니깐 가두려고 했어요."

"아…. 그런데 현우가 불편하고 속상했대. 너희들이 사과해줄 수 있니? 진심으로 사과해준다면 사이좋게 지낼 수 있을 것 같은데…."

"제가 먼저 사과할게요."

"현우야, 힘들게 해서 미안해. 우리 사이좋게 재미있게 지내자."

아이들의 생각은 현우의 '머리를 잡은 것'이지, 목을 조른 게 아니었다. 단지 미숙한 행동 때문에 위험한 놀이를 하는 것처럼 보인 것이다. 현우는 친구들이 목을 조르는 것이 불편해서 운 것인지, 주사를 억지로 놓으려 해서 속상한 마음에 운 것인지 분명하지 않다.

하지만 아이들도 현우의 속상한 마음을 알아주었다. 세아가 먼저 사과를 하고 나머지 아이들도 따라서 현우에게 사과했다. 현우도 친구들의 사과를 받아주었다.

함께 놀이에 참여했던 다른 아이들의 엄마에게도 있었던 사실 그대로 전했다. 엄마들은 그 친구 다치지 않았냐고 물어보고, 집에서 자녀에게도 주의를 시키겠다고 했다.

엄마는 정확한 상황이 궁금하면 현우에게 자세히 물어볼 수도 있었다. 아이의 감정이 엄마에게 이입되자 상황 판단이 흐려졌다. 엄마가 하브루타 대화를 알고 실천했더라면 밤잠을 설치고, 그렇게 흥분하여 아침부터 유치원으로 달려오는 일도 없었을 것이다.

어떤 일이든 아이들의 의도를 파악하는 것이 중요하다. 나는 놀이의 의도를 정확하게 알기 위해서 아이들과 하브루타 대화를 했다. 비록 놀이라 하더라도 친구에 대한 감정이 남는다면 아이와 부모를 설득하기 어려운 상황이 된다. 아이들의 속마음을 먼저 알고 서로 의사소통이 되어야 아이, 친구, 부모간의 상호작용이 가능해진다.

현우 목을 조른 사건은 부모들이 상황을 심각하게 받아들일 수도 있었다. 하브루타를 통해 아이들의 놀이 의도를 정확하게 알았다. 나쁜 의도가 전혀 없었음을 확인하였고, 친구들 사이에 충분히 일어날 수 있는 해프닝으로 마무리되었다.

하브루타 대화 과정에서 현우의 마음도 풀렸다. 하브루타는 아이들의 속마음을 듣고 서로의 입장에 공감하며 문제를 해결하기 위해서 꼭 필요하다.

◆

아이들의 말에 흥분하지 말고 하브루타 대화하라.

08

부모의 양육 태도가 아이의 관계성을 망친다

소현이에게는 뚱뚱한 외모 콤플렉스가 있다. 아이가 불쾌한 말을 들어도 별다른 반응을 보이지 않으니 그 심각성을 느끼지 못했다. 친구들에게도 이렇다 할 만한 감정 표현을 한 적이 없었다. 엄마는 아이가 상처받지 않는 것을 다행으로 생각했다.

엄마가 할 수 있는 일은 소현이 친구들을 불러 파티를 열어주며 친하게 지내라고 부탁하는 것이었다. 또 학부모 모임을 주관하여 어른들끼리도 가깝게 지냈다. 그러면 소현이가 친구들과 사이좋게 지낼 수 있으리라 생각했다.

어느 날 소현이 엄마가 교무실에 들어서면서 왈칵 눈물을 쏟았다. 그동안 소현이 일로 속상했던 마음을 한꺼번에 토해냈다.

7살이 되면서 친구들이 소현이를 대놓고 무시하기 시작한 것이다. 소현이 배를 손가락으로 쿡쿡 찌르며 놀려댔다.

그동안 소현이에게 '네가 참아라, 친구들 행동을 무시해라.' 하고 다독여왔지만, 부모로서 더는 참을 수 없었다. 자녀가 또래 친구들에게 무시당하면 아이의 감정이 부모에게 이입된다. 내가 너희들에게 얼마나 잘해줬는데. 아이들에게 배신당한 것 같아 가슴이 더 아프다.

"유치원에 안 갈래."

소현이 말 한마디에 엄마의 마음이 무너져 내렸다. 그렇다고 유치원을 그만두게 할 수는 없었다.

관계 맺기의 어려움은 유아들에게 보편적으로 나타나는 문제이다. 소현이도 6세 때 이미 학급을 교체해본 경험이 있다.

하브루타 대화를 시작하기 위해서는 라포를 형성하는 것이 먼저다. 아이들의 특성에 맞도록 먹을 것을 주거나 이야기를 나누거나 그 밖에 다양한 방법을 활용한다.

상담에 앞서 소현이에게 한 장의 그림을 보여주었다. 커다란 곰이 온화한 표정으로 작은 아이를 끌어안고 있는 모습이었다.

"곰은 어떤 친구일 것 같니?"

"친절한 친구요."

"친절하지 않은 친구는 누굴까?"

"나한테 배를 찌른 친구요."

"그 친구에게 어떻게 대하는 게 좋을까?"

"사과받고 싶지만, 말하기 힘들어요."

"선생님이 너에게 마음의 바나나를 주고 싶어."

마음을 공감해주는 바나나 카드는 아이들이 좋아하는 바나나 모양의 카드에 위로가 되는 말, 용기를 북돋아주는 글들이 적혀 있다. 주로 상담할 때 아이들에게 사용한다.

"바나나 한 송이를 받으니 어떤 기분이 드니?"

"선생님이 내 마음을 알아줘서 좋아요."

"친구에게 뭐라고 말해 볼까?"

"나에게 기분 나쁜 행동을 해서 속상했다고 말하고 싶어요."

소현이는 나와 함께 손가락으로 배를 찌른 친구를 찾아갔다. 선생님의 응원이 큰 힘이 되기는 했지만, 소현이의 소심한 성격을 생각하면 대단한 용기이다.

"네가 나에게 기분 나쁜 행동을 해서 속상했어."

"응?"

"내 배를 찌르며 놀린 거 말이야."

"미안해. 다음부터 안 할게. 꼭 약속할게."

소현이가 갑자기 다가와 말을 걸자 지원이는 적잖게 당황한 모습이었다. 눈을 똑바로 보며 또박또박 이야기하는 친구를, 놀란 표정으로 바라보았다. 무슨 상황인지 알아차리고, 얼떨결에 사과하더니 스스로 약속까지 했다.

지원이는 자기 행동을 기억하지 못했다. 별다른 감정이 있어서가 아니라 친구들 사이의 가벼운 장난 정도로 생각했다. 소현이 말을 듣고서야 깨달았다. 항상 웃으며 잘 어울려 놀던 소현이가 그렇게 속상할 줄 몰랐다고 한다. 지원이도 친구의 마음을 알고 공감해주었다.

올바른 관계 맺기는 자신의 감정을 있는 그대로 표현하는 데서 시작된다. 소현이는 친구의 사과를 받음으로 마음의 상처가 회복되었다. 그 후 소현이는 웃으면서 "유치원에 갈 거야"라고 말하며 행복해했다.

폭력이 아니라면 아이들의 장난을 심각하게 받아들일 필요는 없다. 그렇다고 가볍게 지나쳐서도 안 된다. 어른들은 심각하게 생각하는데 아이들에게는 아무렇지도 않은 일이 있다. 반대로 어른들은 별거 아니라 생각하는데 아이들은 깊은 상처를 받을 수도 있다.

아이들의 관계에 문제가 생기면 부모가 대신 해결해주려고 나선다. 아이들이 어려서 스스로 해결할 능력이 없다고 생각하기 때문이다. 그러다가 부모들 간의 싸움으로 번지기도 한다. 부모가 문제를 대신 해결해주었다 하더라도, 아이가 자신감을 회복할 기회는 멀어진다.

아이들의 잘못된 행동을 나무란다고 문제가 해결되지 않는다.

"너 때문에 혼났잖아." 하고 다른 아이와 오해가 생기면 오히려 관계가 악화될 수도 있다. 어떤 행동이 잘못인지, 상대방의 감정이 어떤지 알도록 하브루타로 공감하는 것이 필요하다.

소현이와 상담한 내용을 엄마에게 자세히 알려주었다. 그런 일이 또 생긴다면 소현이에게 "친구가 놀려서 속상했구나"라고 마음을 공감해주고, "지난번 유치원에서 배운 방법으로 친구에게 말해 볼 수 있겠니?"라는 질문을 던지도록 부탁했다.

아이들은 마음속에 스스로 해결할 능력을 품고 있다. 다만 기질에 따라 해결하는 방법이 다를 수 있다. 소현이처럼 소심한 아이에게는 자기 생각을 당당하게 말하도록 가르쳐야 한다.

아이들이 관계 맺기에 어려움을 겪는 원인은 다양하다. 아이들에게 영향을 주는 부모들의 잘못을 살펴보면 다음과 같다.

첫째, 아이들의 사회성을 제대로 길러주지 못한 경우이다.

어린아이들은 부모와의 관계를 통해 사회성이 형성된다. 부모와의 관계가 올바르지 못하면 아이들의 사회성 발달이 더딜 수 있다. 사회성이 부족한 아이는 또래와의 공감능력이 떨어진다. 친구와 관계 맺기에 어려움을 겪을 수 있다.

아이들은 부모와의 놀이를 통해 사회성이 쑥쑥 자란다. 부모가 바쁘다 보면 아이들과 놀이 시간을 갖지 못하는 경우가 있다. 아이의 놀이에 대한 욕구를 다른 보상으로 채우려는 것은 잘못이다. 아이들에게는 보상보다 공감하는 놀이가 필요하다.

둘째, 부모들의 관계가 좋으면 아이들도 친할 것이라는 생각이다.

부모들의 잦은 교류로 아이들 사이에 친밀감이 형성되는 경우가 있지만 그렇지 않은 경우도 있다. 부모들의 노력이 아이들의 교우 관계를 좌우하지 못한다.

아이들의 관계는 스스로 형성해 나가는 것이다. 처음부터 아이들이 자신을 당당하게 표현하고, 친구들과 올바른 관계를 형성해 가도록 도와주어야 한다.

셋째, 엄마가 아이의 친구 관계를 조정할 수 있다는 생각이다.

소현이 엄마처럼 친구들에게 먹을 것을 대접하거나, 엄마가 개입하면 친하게 지낼 것이라는 생각이 잘못이다. 문제가 생기면 엄마가 대신 해결하려고도 한다.

친구 사이에서 놀림당하게 된 원인과 정확한 해결 방법을 알아야 한다. 아이들의 관계에 엄마가 끼어든다고 문제가 근본적으로 해결되지는 않는다.

소현이 문제는 뚱뚱한 외모 때문에 생긴 것이 아니라 자기 감정을 분명하게 표현하지 못해서 생긴 일이다. 친구에게 자기 생각을 당당하게 말하고 피드백 받은 일로 자신감이 향상되었다.

"고개 숙이지 마십시오. 세상을 똑바로 정면으로 바라보십시오."

헬렌 켈러의 이 말은 앞을 가로막는 장애에 대한 두려움을 이겨내고 용기를 내어 세상과 당당하게 맞서라는 것이다. 자아에 대한 지나친 위축감도 장애와 다르지 않다.

소현이가 속상한 마음으로 유치원에 나오지 않고, 친구들을 피했다면 어떤 결과가 되었을까. 남들 앞에서 위축되고 자기 생각을 말하지 못하는 아이로 성장했을 것이다.

아이들 문제는 부모가 끼어들지 말고, 스스로 해결하도록 도와주어야 한다.

◆

관계 맺기의 실패를 겪은 아이에게는 스스로 해결하도록 용기를 북돋아주어야 한다.

09

자기 의견을 명확하게 표현하도록 가르치세요

만 세 살 아이들의 놀이시간이다. 놀이 속에서 친구와의 연합 놀이나 협동놀이가 이루어지기보다는 평행놀이를 하는 시기이다. 친구 옆에서 각자의 놀잇감으로 상호작용이 없어도 놀이에 집중한다.

채린이는 또래와는 사뭇 다르다. 다른 친구들에 비해 인지 능력이 높다. 자기 생각을 언어로 잘 표현하는 편이다. 지원이와 같이 놀고 싶어서 말을 걸었는데, 무심한 지원이의 반응에 마음이 상한 모양이다.

"선생님, 지원이가 같이 안 놀아줘요."

"같이 놀자고 이야기해볼까?"

"그렇게 말해도 싫대요. 하늘나라 가라고 했어요."

"그런 말을 들어서 속상했겠다. 지원이한테 네 마음을 말해보는 건 어때?"

채린이의 속상한 마음을 듣더니 지원이가 사과했다. "채린아, 하늘나라 가라고 말해서 미안해." 언뜻 둘 사이의 대화를 보면 서로 공감한 것처럼 보였다.

그런데 채린이는 사과를 받고도 마음이 풀리지 않았다. 그 이유는 사과한 후로도 지원이가 채린이와 함께 놀지 않았기 때문이다. 채린이는 지원이가 자신을 싫어한다고 오해를 했고, 진심으로 사과한 것으로 생각하지도 않았다.

그날 밤 채린이는 잠을 자며 엄마에게 속상한 마음을 이야기했다. 지원이가 '하늘나라에 가라.' 하고 말을 했다는데 엄마도 충격을 받은 모양이다.

"어떻게 아이가 하늘나라 가라는 말을 할 수 있나요? 우리 채린이에게 진심으로 사과해주었으면 좋겠어요."

지원이는 어떤 동화책에서 '하늘나라 가라'라는 말을 보았다고 했다. 그 말이 어떤 의미인지 제대로 알고 채린이에게 말한 걸까. 채린이는 그 말뜻이 무엇이라 생각하고 마음이 상한 것일까. 채린이 엄마는 아이들의 말을 어떻게 해석했기에 저렇게 화가 난 것일까. 아이들은 어떻게 사과해야 진심이라고 믿을까.

엄마까지 합세해 일이 커지자 선생님은 채린이에게 지원이의 진심을 이야기해주었다.

"채린아, '하늘나라 가라'는 말이 어떤 뜻이라 생각해?"

"지원이가 나를 싫어하는 것 같아요."

"그렇구나. 그런데, 지원이는 그냥 동화 속에 나오는 이야기를 한 거래."

이미 틀어진 일을 되돌리기는 쉽지 않았다. 선생님과의 대화에도 불구하고 채린이의 마음이 풀리지 않았다. 어른들의 생각처럼 말 때문에 속상한 것이 아니라, 지원이가 함께 놀아주지 않아 속상한 것이다. 지원이가 함께 놀아주었으면 사과를 받아들였을 것이다.

지원이는 '그냥 혼자 놀 거야'라는 표현을 그렇게 한 것이다. 아이들이 혼자 놀이하면서 누군가와 이야기하듯 놀잇감과 상호작용하는 모습을 본다. 동화 속의 이야기를 생각하다가 공교롭게 옆에서 친구가 말을 걸자 '하늘나라 가라'라는 말이 튀어나온 것이다.

같은 나이지만 두 아이는 발달 단계의 차이를 보이고, 놀이 수준도 서로 맞지 않았다. 채린이는 연합놀이를 원하지만, 지원이는 평행놀이가 좋다. 아이들의 언어 수준과 발달 특성을 이해했다면 사과하고 용서하는 일로 끝났을 것이다. 서로 다른 생각을 했기에, 속상하거나 사과할 필요조차 없었을지도 모른다.

채린이 엄마는 '하늘나라 가라'라는 말을 죽으라는 뜻으로 해석한 것이다. 아이들의 생각과는 동떨어져 있다. 아이들의 말 한마디가 어른들의 감정 싸움으로 번져버렸다.

문제의 실타래는 아이들에게 물어보았으면 쉽게 풀렸을 것이다. 묻기만 해도 아이들의 진심을 알 수 있다. 정말 미웠던 마음이 말로 표현된 건지, 다른 생각으로 한 말을 오해한 것인지 금방 알 수 있다.

두 아이 모두 서로에게 자기 생각을 제대로 전달하지 못했다. 어른들도 아이들의 생각을 정확하게 이해하지 못했다. 어른의 시선으로 바라보고 부모의 생각으로 무리하게 판단해서 생긴 일이다.

아이들은 단어의 뜻을 정확히 모르고 사용하는 경우가 많다. 아이들이 낱말을 어떤 의미로 사용하는지 정확하게 이해하려면 하브루타 대화를 자주 해야 한다. 아울러 아이들에게 자기 생각을 친구에게 분명하게 전달하는 방법도 가르쳐야 한다.

아이들이 자신의 감정과 생각을 명확하게 표현하도록, 어떻게 가르치는 것이 좋을까.

첫째, 어려서부터 하브루타 대화를 하라.

아이들은 부모의 공감으로 언어 능력이 향상된다. 부모와 어려서부터 하브루타 대화를 한 아이일수록 언어로 감정 표현을 잘하고 생각을 자유롭게 이야기한다. 말로 표현하지 못하는 아이들이 행동으로 감정을 표출하게 된다.

아이들이 자기 의견을 말하기에 주저하지 않도록 지지해주어야 한다. '아, 그렇구나'라고 하는 긍정적 반응은 아이들의 자신감을 높여준다. 아이들의 이야기를 잘 들어주어야 언어 표현도 잘하게 된다.

둘째, 아이의 발달 과정과 특징을 이해하라.

아이들의 발달 과정에 따라 언어의 이해가 다르다는 점을 유의해야 한다. 발달 시기에 맞는 언어를 알려주어야 정확하게 사용할 수 있다. 아이들에게 기대할 수는 없지만, 자기 의견을 명확하게 전달하려면 상대방의 언어 이해 수준도 알아야 한다.

아이들의 성격에 따라 표현 방법이 다를 수 있다. 적극적인 아이는 주제를 파악하기 어려울 만큼 말이 많다. 소심한 아이는 조심스럽게 말을 꺼낸다. 시간적 여유를 주지 않으면 하고 싶은 말을 듣기도 어렵다. 아이의 성격에 맞는 언어 전달 방법을 찾아주어야 한다.

셋째, 아이가 명확하게 의사 표현할 수 있도록 기회를 제공하라.

어려서부터 자기 의사 표현을 분명히 하도록 가르쳐야 한다. 대충 '그렇게 말하는 게 아니야'라고 말할 것이 아니라, '이렇게 말해 볼까?'라고 이야기해주고 스스로 표현해볼 수 있는 기회를 주어야 한다.

언어를 제대로 사용하려면 반복 연습이 필요하다. 엄마를 부르는데도 수백 번의 연습이 필요하다. 중요한 단어를 익숙하게 사용하려면 다양하게 응용해보아야 한다.

언어는 동전의 양면과 같다. 같은 말이라도 말하는 사람과 듣는 사람의 생각이 다르다. 듣는 사람의 편에서 언어를 이해하도록 이야기를 듣고 반드시 피드백해주자. 아이들이 '아니, 그게 아니고 이거야'라고 자기 의견을 다시 말할 것이다. 그럴 때는 '이렇게 말해야 하는 거야'라고 자연스럽게 알려줄 수 있다.

하브루타는 아이들의 이야기에 귀 기울인다. 그러면 아이들의 말도 많아진다. 아이들은 서슴지 않고 자신의 마음속에 감추어 둔 이야기보따리를 푼다. 자기 의견을 분명하게 밝힐 줄 알고 감정 표현도 잘한다.

아이들이 자신의 느낌을 여과 없이 전달하도록 지지해주자. 어려서부터 자기 의견을 상대방이 알아듣도록 명확하게 말하게 하자. 의사소통 능력은 듣는 마음과 정확한 자기 표현으로 길러진다.

◆

아이들에게 상대방이 공감하는 의사 표현을 하도록 가르쳐야 한다.

3 부

삶을 바꾸는 대화

하브루타로 준비하는 내 아이의 미래

믿음은 아이들의 장래 희망을 결정하는데도 큰 영향을 준다.

믿음은 상대를 인정하고 기다려주는 것이다.

믿음은 장차 이루어질 것이라 기대하는 마음이기 때문이다.

아이들을 바르게 성장시키려면 아이의 생각을 존중하고 믿어주어야 한다.

01
착한 아이보다는 바른 아이로 키워주세요

선생님의 휴대폰이 사라졌다. 여러 번 통화를 시도했지만 벨소리는 들리지 않았다.

하원 시간이 되자 선생님은 아이들의 귀가 지도를 위해 잠시 교실을 비웠다. 귀가하는 아이들, 남은 아이들이 뒤엉켜 교실 분위기는 어수선하다. 그 틈에 책상 위에 놓아둔 선생님의 휴대폰이 온데간데없다. 교실에 남아있던 남자아이들까지 거들고 나서서, 교실 구석구석 이를 잡듯이 찾아보았지만 허사였다.

오후가 되면 방과 후 교실은 아이들로 북적인다. 역할놀이 영역에서 밥을 지으며 엄마 아빠 놀이를 하는 다섯 살 여자아이들. 일곱 살 남자아이들은 블록놀이에 푹 빠져있다. 여섯 살 여자아이들 사이에서는 사소한 말다툼으로 시작해 얼굴을 붉히는 기싸움도 일어난다.

일곱 살 영서와 태윤이 사이에 작은 말다툼이 있었다. 태윤이는 자신의 감정을 직설적으로 표현하는 친구다. 태윤이는 영서가 자기를 '바보'라고 해서 화가 났다. 영서는 '너'라고 말했지 '바보'라고 한 적 없다며 몹시 억울해했다.

상황을 정확하게 파악할 수 없었던 선생님은 누구의 편도 들지 않았다. 어른들 입장에서는 이런 일이 아이들의 사소한 기싸움으로 보일 뿐이다. 선생님은 둘의 이야기를 듣고 대수롭지 않게 여기며 이렇게 정리했다.

"두 사람 모두 그런 적이 없다고 말하면, 선생님도 듣지 못한 거라 뭐라 말해 줄 수가 없네. 영서가 바보라고 안 했다지만, '너'라고 말할 때의 말투나 표정이 '바보'라고 말한 것처럼 상대에게 들릴 수도 있는 거야."

마음에 상처를 받은 아이와 하브루타를 하려면 따뜻한 마음과 존중하는 태도를 보여야 한다. 교사는 민감하게 아이들의 감정을 살피고 적절하게 대응해야 한다. 교사가 따뜻한 태도만 보여도 아이들의 감정은 어느 정도 풀린다.

어떤 일이 생기려면 전조증상이 있기 마련이다. 다툰 아이들의 감정을 풀어주지 않은 채 놀이를 계속하게 하였다. 영서는 태윤이의 말보다 자신을 믿어주지 않는 교사의 태도에 더 화가 났다.

교사가 태윤이 편을 든다고 생각한 것이다.

퇴근 후 위치추적으로 휴대폰이 유치원에 있다는 사실을 알았다. 선생님은 교실로 돌아와 물건을 들어내고 정리함 뒤까지 다시 샅샅이 뒤져보았으나 발견할 수 없었다.

이제 남은 곳은 딱 한 군데. 포기하려다 설마 하는 마음으로 아이들 화장실의 변기 물통 뚜껑을 열어보았다. 네 시간 이상 물 속에 잠겨있던 휴대폰이 반갑기도 했지만, 씁쓸한 마음이 교차하는 순간이었다. 아이들이 한 일이라고는 믿어지지 않았다.

다음 날 아침 교사회의 화제는 단연 휴대폰 분실 사건이었다. 기상천외하게 감춘 아이도, 거기를 뒤져서 찾은 선생님도 대단했다. 누가 왜 거기에 넣었을까? 의견이 분분했다. 그렇게 치밀하게 생각하고 행동했다면, 어린 동생들보다 똘똘한 일곱 살 아이가 저지른 일일 가능성이 높다는 데 동의했다.

각 반 담임 선생님들은 방과후교실 일곱 살 아이들 중심으로 조심스럽게 표정을 살피기 시작했다. 아이들이 수치심을 갖게 될까, 자존감이 떨어질까 걱정되는 마음에 대놓고 물어보지는 못했다.

눈은 밖으로 보이는 뇌라고 한다. 눈빛으로 감정을 느낄 수 있다. 선생님을 똑바로 바라보지 못하는 영서가 의심스러웠다. 선생님은 영서의 흔들리는 눈빛을 보았다. 영서에게 슬그머니 선생님 휴대폰을 보았냐고 물어보았다.

눈치 빠른 영서는 자기 행동이 들킨 것을 알고, 휴대폰 숨긴 사실을 솔직하게 인정했다. 하지만 자기 입으로 몰래 숨긴 이유는 말하지 않았다. 자기의 억울함을 풀어주지 않은 선생님에 대한 미움이 남은 것이다. 마음속으로는 자기의 화풀이가 정당했다고 생각한 것은 아닐까.

들키면 엄청 혼날 것이라는 생각에 불안했는데, 특별하게 화내지도 않는 선생님들의 반응에 크게 안도하는 모습이었다. 영서의 표정이 한결 밝아졌다. 평소처럼 친구들과 웃으며 노는 모습을 볼 수 있었다.

영서도 자신의 행동이 잘못이라는 사실을 충분히 알고 있었다. 들키지 않으려고 화장실 변기 물통에 숨긴 것을 보면 입이 다물어지지 않는다. 들키지 않을 것이라 확신했는지 선생님 휴대폰에 자기 사진까지 남겼다. 우발적으로 저지른 행동이라고는 믿기지 않았다.

가정과의 연계 지도를 위해 엄마에게 이 사실을 알렸다. 연락을 받은 엄마의 첫 반응은 아이를 '가만두지 않겠다'라는 것이었다. 덧붙여 선생님의 휴대폰에 문제가 생겼으면 비용이 들어도 해결해드리겠다고 했다.

그렇지 않아도, 어제 영서에게 "오늘은 뭘 하고 지냈어?"라고 묻자 "그냥 놀았어. 왜 자꾸 물어봐"라고 짜증을 부려 혼냈다고 했다.

엄마는 영서를 착한 아이라고 말한다. 그동안 영서를 얼마나 엄격하게 키웠는데, 착한 아이로 양육하려고 했는데, 그런 일을 저질렀으니 얼마나 마음이 착잡했을까.

영서 엄마는 친구들과 문제가 생겨도 주로 영서를 혼낸다. 무조건 참고 양보하도록 가르치면, 억울한 일을 당해도 자기 입장을 제대로 표현하지 못하게 된다. 자기 생각을 당당하게 밝히지 못하는 아이가 착한 것은 아니다.

그동안 영서는 부모나 선생님들 보기에 착한 아이였다. 그러나 이 일로 몇 가지 의문이 남았다.

영서가 순순히 자신의 행동을 털어놓은 것을 정직하다고 말할 수 있을까? 아이들의 잘못된 행동을 나무라는 것이 잘못일까? 수치심을 갖지 않도록 훈육하는 방법은 무엇일까?

정직은 누구에게 감시를 받지 않아도 올바르게 행동하는 것을 의미한다. 잘못된 행동을 솔직하게 말하는 것보다, 잘잘못을 아는 것이 더 중요하다. 정직의 가치는 자신이 혼날 것을 알면서도 솔직하게 말하고, 잘못을 인정하고 뉘우치는 태도를 포함한다.

아이들이 무슨 문제가 생기면 부모에게 호소하는 것이 당연하다. 그런데 부모들이 옳건 그르건 자기 자녀의 편을 들어주면, 아이들이 버릇없이 행동한다.

아이에게 무관심하거나 무조건 참으라고 하는 것도 문제이다. 만일 부모가 아이의 말에 공감해주지 않으면, 아이들은 더 이상

진실을 말하지 않을 것이다.

혼내거나 벌을 준다고 아이들이 올바르게 자라는 것은 아니다. 평소 가정에서 심하게 혼나는 아이는 옳고 그름을 판단하지 못한다. 혼나면 그른 일이고, 혼나지 않으면 옳은 일이라 생각한다.

부모의 감정에 따라 혼내는 가정의 아이들은 더 심각하다. 혼나지 않기 위해 거짓말도 서슴지 않는다. 어른들 앞에서는 착한 행동을 하다가 어른들 눈을 피해 제멋대로 행동하는 이중성을 보이기도 한다. 잘못된 행동을 하더라도 '들키지 않으면 된다'라는 생각을 할 수도 있다.

영서는 착한 아이가 아니라 착하게 보이는 아이이다. 부모의 요구에 맞춰 착한 행동을 보이려 노력한다. 잘못된 행동을 하는 것보다 혼나는 것이 더 두려운 아이다.

영서에게 필요한 것은 옳고 그름을 판단할 수 있는 능력이다. 진짜 잘못된 행동이 무엇인지 스스로 깨달아야 한다. 자신의 잘못된 행동이 다른 사람에게 어떤 피해를 주는지 알아야 한다.

부모가 착하게 살 것을 강요하면, 오히려 아이들은 감정적으로 행동한다. 기분 나쁘다고 돌발적으로 나쁜 행동을 하는 아이는, 자신의 행동을 돌아볼 줄 모르기 때문이다. 왜 착한 행동을 해야 하는지 알아야 한다. 나쁜 행동을 하면 어떤 결과가 오는지 느껴야 한다.

자녀가 착한 아이로 자라기를 바란다면, 스스로 선악을 판단할 수 있도록 가르쳐야 한다. 옳고 그름을 분별할 수 있도록 평상시 아이와 끊임없이 대화하라. 생활 속의 하브루타를 통해 아이들에게 올바른 가치관을 심어주어야 한다.

착한 아이는 잘못이 무엇인지 분명히 깨닫고, 다시 그런 행동을 하지 않도록 스스로 다짐하는 아이다.

◆

착한 아이로 기르려 하지 말고 옳고 그름을 판단할 수 있도록 가르쳐라.

02

스스로 규칙을 지키도록 하브루타 하세요

점심 시간, 아이들이 즐거운 마음으로 기다리는 시간이다. 유치원 교실의 점심 시간은 어떤 모습일까. 교사의 성향과 분위기, 때로는 엄마들의 입김이 더해져 각 교실의 풍경이 달라진다.

교실의 밥상머리 교육은 어떻게 이루어지고 있을까?

아이들은 식판을 들고 먹을 만큼 밥과 반찬을 받아서 자기 자리로 돌아간다. 받는 순서대로 자리에 앉아 식사를 시작한다. 어느 교실에서 볼 수 있는 자연스러운 풍경이다.

이런 규칙에 대해 아무도 의문을 제기하지 않는다. 질서 있게 식사하는 모습을 보며, 교육이 잘 이루어지고 있다고 생각할 것이다.

집에서 아이들은 어떻게 식사하고 있을까? 유치원의 점심 시간과 무엇이 다를까? 교실에서 선생님의 배식을 기다리고 있는 아이들에게 다가가 하브루타를 해보았다.

"밥을 먼저 받은 친구가 먼저 먹는 거에 대해 어떻게 생각해?"

한 아이가 갑자기 그런 걸 왜 물어보느냐는 표정을 지었다.

"우리 반은 먼저 받은 친구들이 먼저 먹어요."

"아, 그렇구나. 집에서는 어떻게 먹지? 가족들이 모두 함께 있을 때 말이야."

"우리 집은 아빠가 먼저 드셔야 엄마도 먹고 우리도 함께 먹어요."

"그럼 교실에서 친구들이 먼저 먹는 거에 대해서는 어떻게 생각해?"

"친구들이 기다렸다가 같이 먹었으면 좋겠어요."

"왜 그렇게 생각해?"

"나도 기다려줬으니깐 같이 기다리고 함께 먹으면 더 즐거울 것 같아요."

습관적으로 이루어지던 유치원의 밥상머리 교육이라 누구에게도 잘못은 없다. 먼저 받은 친구들이 먼저 먹는 규칙이 나쁘다고 말할 수 없다. 공평하게 순서를 지키고 질서 있게 식사하는 것도 나쁘지는 않다.

교사들은 오랫동안 지켜오던 식사 규칙이라 다른 생각 없이 따르고 있다. 아이들은 왜 그렇게 먹어야 하는지 이유를 생각하지 않고, 그냥 교사의 지시에 따라 행동한다. 이처럼 일방적인 지시는 아이들의 사고력 향상에 전혀 도움이 되지 않는다.

생각의 관점을 바꾸어보자. 아이들이 왁자지껄 의사결정에 참여하는 교실 풍경을 보고 싶다. 교실에서 어떤 일을 결정하든지 아이들에게 선택할 기회를 주어야 한다. 교사의 생각이 바뀌어야 가능한 일이다.

규칙은 공동체 다수의 의견을 반영한 약속과 같다. 아이들이 규칙에 대해 공감하고 스스로 지키게 하려면 진지하게 하브루타를 해야 한다. 교실 속의 작은 규칙을 정할 때도 아이들의 생각이 꼭 반영되기를 바란다.

'아이들에게 물어보면 시끄럽기만 하지, 좋은 생각 있겠어? 아이들의 생각은 들을 필요가 없어'라고 단정하지 말자. 아이들에게도 반짝이는 생각이 있다. 어른들의 생각을 바꾸어야 아이들의 행동이 바뀐다.

유치원의 밥상머리 교육이 왜 필요하며, 아이들에게 어떤 영향을 주는 것일까. 지금과 같은 식사 방식이 아이들에게 어떤 도움이 되는지, 더 좋은 방법은 없는지 아무도 고민하지 않는다.

'함께 먹으면 더 즐거울 것 같다'라는 아이들의 의견을 규칙에 반영해보면 어떨까. 아이들은 점심 시간이 더 기다려질 것이다.

아이들이 함께 식사하면 서로 이야기를 나누기도 하고, 다른 아이와 식사 보조를 맞추기도 한다. 친구의 먹는 모습을 보면서 편식 습관도 고쳐진다.

함께 식사하고, 정리하고, 놀이하다 보면 저절로 사회성이 길러진다. 배식받은 순서대로 각자 밥을 먹는 상황에서는 그런 모습을 찾아볼 수 없다.

어떤 어린이집에서 아이에게 억지로 밥을 먹이다 배탈이 났다는 소식을 들었다. 그 뉴스를 주제로 우리 첫째 아이와 하브루타를 하였다.

"어린이집에서 억지로 밥을 먹인 일에 대해 어떻게 생각해?"

"밥 안 먹으면, 왜 먹기 싫은지 좀 물어봐주지."

"맞아. 선생님이 한 번 물어봐주기만 했어도, 저 아이가 저렇게 아프지 않았을 텐데."

"나도 어린이집에서 먹기 싫은데 억지로 먹은 적이 있었어."

"왜 먹기 싫다고 말하지 않았어?"

"남기지 말고 먹어야 한다고 선생님이 이야기했거든."

어린이집의 밥상머리 교육은 식사시간에 말하지 않기, 바르게 앉아서 먹기, 밥 한 톨 남기지 않기 등 기본 습관을 중요하게 생각한다. 규칙에 따른 식사를 강요한 이유도 그것이 바른 교육이라 생각했기 때문이다. 아이의 배탈은, 밥 먹는 것과 같은 일상적인 일에서조차 아이와 소통이 원활하게 이루어지지 못하고 규칙을 엄하게 적용한 결과였다.

이스라엘 사람들은 밥상머리 교육을 대단히 중요하게 여긴다. 가정은 하브루타의 출발점이며 타인에 대한 존중과 배려를 배우는 곳이기 때문이다. 부모의 태도를 보면서 아이들도 배운다. 밥상머리 교육은 하브루타의 주춧돌과 같다.

우리나라에서는 가족들이 일주일에 몇 끼 정도 함께 식사하기도 어렵다고 한다. 부모들이 밥상머리 교육의 중요성을 깨닫지 못하는 것이다. 저녁이 있는 삶을 보장하지 않는 사회적 분위기도 한몫한다.

밥상머리 교육은 선택이 아니라 반드시 해야만 한다. 가정의 밥상머리에서 하브루타로 일상을 나누자. 자녀들은 일상적인 이야기를 들려주거나 자유롭게 자기 의견을 말한다. 부모들은 아이들의 생활과 감정 상태를 알 수 있다. 일상을 넘어 다양한 주제로 서로의 생각을 나눌 수도 있다. 가족의 의사소통이 자연스럽게 이루어진다. 하브루타로 공감하면 가정의 규칙을 정하거나 지키는 일도 어렵지 않다.

의사소통 능력은 사회성이나 리더십과도 밀접한 연관이 있다. 사회성이 높은 아이들은 규칙의 내용을 이해하고 잘 지킨다. 사회성 있는 아이들은 놀이 규칙을 정할 때도 능동적으로 참여한다. 반면에 명령과 지시에 익숙한 아이들은 소극적이다.

가정이나 교실의 생활 규칙을 정할 때, 아이들과 함께 하브루타로 소통하면서 모두가 공감할 수 있는 기준을 만들어보자. 아이들이 규칙을 대하는 태도가 달라진다.

일방적으로 정한 규칙은 꼭 지켜야 한다는 책임감이 없다. 아이들이 지켜야 할 규칙이니, 아이들의 의견이 꼭 반영되어야 한다. 규칙 하브루타는 실천에 대한 동기부여가 된다. 아이들은 자기가 참여하여 만든 규칙이라 잘 지키도록 서로 이야기하기도 하고, 자발적으로 실천하려고 노력한다.

◆

교사가 마음을 열면 교실 속 점심 시간의 풍경이 바뀐다.

03

하브루타 대화는 아이들의 책임감을 높인다

초등학교에 다니는 큰딸은 수요일마다 플룻 수업이 있다. 하루는 준비물을 챙겨가지 못했다. 처음에는 온 가족이 동원되어 부랴부랴 준비물을 챙겨다주었다. 하지만 그런 일이 다시 생기면 챙겨주지 않기로 약속했다.

아이가 또 준비물을 잊었다. 이번에는 스스로 문제를 해결하도록 했다. 선생님께 준비물을 못 챙겼다고 사실대로 말씀드리자, 세연이를 플룻 없이 수업에 참여시켰다. 세연이는 재미없고 힘들어서 도망치고 싶었다고 말했다. 그 이후로 플룻을 안 챙긴 날이 없다.

우리나라 문화는 아이 옆에 딱 붙어서 하나부터 열까지 챙겨주어야 엄마의 의무를 다했다고 생각한다. 준비물이 없어서 아이가 한 시간 수업에 참여하지 못한다고 큰일 나지 않는다. 아이들이 할 수 있는 일은 스스로 하도록 놓아두자. 하다가 막힌 부분을 도와주는 정도로도 충분하다.

아이들이 모든 것을 엄마에게 의지하다 보니 책임감이 사라진다. 마마보이는 스스로 할 일을 찾지 못할 뿐만 아니라, 모든 책임을 부모 탓으로 돌린다.

아이들에게 책임감을 부여하기는 쉽지 않다. 아이가 책임을 느끼게 하려면 부모의 생각을 강요하지 말고, 자기가 원하는 활동을 스스로 선택하게 하자. 자기 준비물은 스스로 챙기게 하자. 모든 것을 부모가 챙기고 간섭하면, 아이들은 부모가 해야 하는 일로 생각한다.

부부 사이에도 가사 분담 문제로 갈등이 잦은 사회다. 과거에는 아내를 '안사람'이라 불렀다. 여성들이 사회적 활동을 하지 않던 시대의 이야기이다. 4차 산업혁명 시대가 되어도, 집안일은 당연히 엄마가 책임져야 한다는 오랜 관습에 젖어있기에 다툼이 생기는 것이다.

가사 분담은 아이들에게 책임감을 가르치기 위해 꼭 필요하다. 아이들이 어질러 놓은 집안을 엄마가 혼자 치우는 것이 옳은지 고민해볼 문제다. 학교에서 청소를 열심히 하는 아이들이 집에서 손을 놓는 것은 잘못이다. 자기 주변을 깨끗이 정리하는 습관은 어디에서나 한결같아야 한다.

이제는 바뀌어야 한다. 가사는 가족들이 적절하게 분담해야 한다. 아이들도 가족의 일원이다. 아이들에게 집안일을 돕도록 하는 것도 중요한 교육이라 생각한다.

하브루타를 한 이후 우리 집안 풍경이 달라졌다. 소리 지르거나 화내지 않게 되었다. 아이들과 일상적인 대화를 나누는 시간도 많아졌다. 하브루타 도입 초반에는 '내가 쓴 것은 내가 정리한다'라는 규칙을 함께 세우고, 아이들도 잘 지켜나갔다.

아이들은 조금이라도 불편하거나 힘들면 귀찮아한다. 시간이 흐르면서 작은 틈이라도 보이면, 아이들은 '나중에'라는 말을 붙이며 책임을 회피하기 시작했다. 스스로 해야 한다는 것을 알고 있으나, 게으름은 몸에 익숙한 습관이었다.

나의 하브루타 방법이 잘못이었을까. 아이들이 엄마의 생각을 이미 알고 있었다. 특정한 목적을 달성하기 위해 하브루타를 이용하는 모양새가 되었다. 정해진 목적을 달성하기 위해 하브루타를 하는 것은 어리석다.

다른 방법을 생각했다. 아이들에게 경제 개념도 알려줄 겸 엄마 일손을 돕도록 했다. '빨래와 설거지'를 도와주면 보상으로 용돈을 주었다. 아이들에게 보상으로 책임을 부여하는 방법도 오래가지 않았다. 용돈을 안 받아도 좋으니 하고 싶지 않다는 것이었다.

결국 나의 인내심에 한계를 느끼고 버럭 소리를 질렀다. "엄마가 힘들게 나가서 일하면 집에서 일을 좀 도와줘야 하는 거 아니야? 이제부터는 엄마를 도와주었으면 좋겠어. 대신 용돈은 주지 않을 거야." 몇 번 엄마를 돕는 척하더니 그것 또한 얼마 가지 못했다.

제대로 지켜지지 않으니, 규칙을 정하는 것이 의미가 없어졌다. 아이들과 놀이한 흔적을 함께 정리하면서 자연스럽게 대화를 이어갔다. 엄마는 엄마대로 할 일이 있다. 아이들도 스스로 해야 할 일이 무엇인지 구분하기로 했다. 도움이 필요한 어려운 일은 서로 협력하면 된다. 시행착오를 겪으며 조금씩 나아지기 시작했다.

하브루타는 특정한 형식을 갖추어야 하는 것이 아니다. 아이들과 자연스럽게 일상을 나누는 것이 하브루타이다. 하브루타라는 형식에 구애받지 말고, 아이들이 자연스럽게 몰입하도록 이끌어야 한다.

아이들이 책임감을 느끼고 스스로 행동하도록 무엇을 어떻게 가르쳐야 할까. 아이들의 책임감을 높이는 방법을 세 가지로 정리해보았다.

첫째, 책임을 다해야 하는 이유를 알도록 한다.

책임은 약속에 따라 자기가 맡은 임무이다. 자기의 의무가 무엇인지, 책임을 다하지 않으면 상대방에게 어떤 피해를 주는지 알게 한다. 내가 책임을 다하면 모두에게 유익하고, 책임을 저버리면 다른 사람뿐만 아니라 자기에게도 손해가 된다는 사실을 깨달아야 한다.

둘째, 약속이나 규칙은 반드시 실행하도록 한다.

약속한 일은 반드시 실천하도록 독려해야 한다. 아이들의 행동에 따른 상벌도 분명히 정한다. 아이들이 책임감 있게 잘한 일은 즉시 칭찬해주어야 한다. 잘못에 대한 책임이나 벌은 사전에 본인과 의논해서 결정해두어야 한다.

잘못에 대해 기계적으로 벌을 주지는 말자. 벌을 준다고 책임감이 생기지는 않는다. 벌을 주면 아이의 감정이 상하거나 관계가 나빠질 수도 있다. 실수한 부분은 하브루타를 통해 잘할 수 있는 방법을 찾도록 도와주어야 한다.

셋째, 나 전달 메시지를 사용한다.

아이들에게 질문할 때는 직접화법을 사용하지 않는 것이 좋다. 나의 상태를 표현할 수 있는 언어로 말한다. 간접화법은 아이들이 스스로 무엇을 해야 할지 생각하게 한다.

"거실이 장난감으로 어지러운데, 놀이가 다 끝난 건가 궁금해."

"지금 빨래를 널어야 하는데, 강아지가 오줌을 싸서 엄마가 뭘 먼저 해야 할지 고민이네."

일상 하브루타에서는 사회 생활을 하면서 개인이 가져야 할 책임감에 대하여 강조해야 한다. 아이들도 질서를 유지하고 공동의 생활을 영위해야 할 책임이 있다.

아이들의 무책임한 행동을 그냥 놓아두는 것은 부모의 잘못이다. 잘못을 저지르고도 '아무도 가르쳐주지 않았다'라고 부모에게 책임을 돌리는 청소년들이 있다. 아이들이 성장하면서 저절로 책임감을 느끼게 되는 것은 아니다.

하브루타에 녹아 있는 책임감은 무엇일까? 이스라엘 민족의 정신적 기반은 선민사상이다. 신의 선택을 받은 민족으로서의 책임감은 중요하다.

먼저 유일신이신 여호와에 대한 책임감이다. 온 정성을 다하여 여호와를 사랑하여야 한다. 자연은 여호와의 피조물이므로 아름답게 가꾸고 돌볼 책임이 있다고 믿는다.

다음은 이웃에 대한 책임감이다. 이웃을 자기 자신과 같이 사랑하라고 가르친다. 가족을 돌보고, 민족을 위해 일하는 것을 평생의 의무로 생각한다. 엄마의 뱃속에서부터 이러한 책임감을 심어준다.

하브루타의 바탕은 책임감이다. 책임 있는 대화가 바로 하브루타이다. 상대방에 대한 존중이나 경청도 대화에 부여된 책임감이다. 자기 의견을 말하는 것도, 말한 대로 실천하는 것도 책임감이 없으면 이루어질 수 없다.

아이들에게 나의 권리를 주장할 줄 알면서, 책임과 의무를 다하도록 가르쳐야 한다. 아이들 스스로 그 책임을 느끼도록 하브루타 대화가 필요하다.

◆

하브루타 대화로 아이들의 책임감을 키워주어야 한다.

04

아이를 올바르게 성장시키려면 편견부터 버리세요

선우는 호기심이 많고 활발하여 교실에서도 항상 뛰어다닌다. 높은 곳에 올라가 뛰어내리는 행동을 반복하기도 한다. 교사들은 선우의 위험한 행동을 제지하기 바쁘다.

선우에게는 늘 통제라는 딱지가 따라다닌다. 지나친 통제 때문에 행동의 발달이 더딘 것일 수도 있다.

선우는 만 세 살을 넘어섰는데 다른 아이들에 비해 인지 능력 발달이 많이 늦다. 언어 능력은 한 단어로 얘기해도 이해하지 못할 때가 많고, 사회성도 발달하지 못했다.

그 일이 터지기 전날, 준하 엄마의 전화를 받았다.

"선우 두 살 때 돌보아준 선생님에게 직접 들었어요. 선우는 밖으로 뛰쳐나가기도 하고, 다른 친구들을 때린다고 했어요. 다른 아이들도 돌봐야 할 텐데, 선생님 한 분이 선우를 통제할 수 있을지 걱정이 되네요."

왜 하필 선우가 우리 반일까. 내 아들 준하가 선우에게 맞지는 않을까, 선우 때문에 우리 아이가 선생님의 관심을 받지 못하지는 않을까, 엄마 생각에는 이런저런 걱정이 포함된 것이다.

준하가 블록쌓기놀이에 열중하고 있었다. 코로나19 때문에 하루에 몇 번씩 아이들의 체온을 재야 한다. 체온을 재기 위해 선생님이 잠깐 준하를 데리고 밖으로 나갔다.

그 사이 선우는 준하가 뭔가 만들다 놓고 간 블록으로 다른 것을 만들기 시작했다. 준하가 돌아와 선우에게 말했다.

"이거 내꺼야."

"아니야."

"내가 먼저 가지고 놀던 거라구."

둘은 말이 통하지 않았다. 블록을 뺏고 빼앗기는 전쟁이 벌어졌다. 그러다 두 녀석은 블록을 무기 삼아 싸우기 시작했다. 준하가 먼저 블록으로 선우의 머리를 때렸다. 이에 질세라 선우도 블록으로 준하 어깨를 때렸다. 아이들의 힘겨루기는 팽팽하게 이어졌다. 힘으로 이기지 못하게 되자, 준하는 그만 울음을 터트리고 말았다.

결국, 선우가 문제를 일으킨 결과가 되고 말았다. 엄마가 우려했던 일이 현실처럼 되었다. 교사들의 시선은 준하에게 집중되었다.

선생님은 준하의 울음소리를 듣고 상처부터 확인했다. "많이 놀랐지?" 먼저 다친 준하의 마음을 달래주고, 얼굴의 긁힌 상처를 치료해주었다.

"준하의 생각을 충분히 이해해. 하지만 놀잇감을 놓고 다른 곳으로 갈 때는 다른 사람이 손대지 않도록 부탁하고 가야 해. 말을 하지 않아서 선우가 가지고 놀았던 거야. 속상하더라도 블록을 나눠서 같이 놀자고 말해보는 건 어떨까?"

준하도 선생님의 이야기를 듣고 고개를 끄덕이며 공감했다. 집에서도 형하고 티격태격하며 자라는 아이다. 울기는 했지만 이런 일은 대수롭지 않다는 표정이다.

담임 선생님이 이번엔 선우의 등도 토닥여주었다.

"선우가 가지고 놀던 것을 준하가 빼앗아서 속상했지? 그렇지만 친구를 때리면 안 되는 거야. 준하가 다칠 수도 있어. 준하에게 미안하다고 말해볼까?"

선우는 선생님의 부드러운 목소리를 듣고 안정을 찾았다. 선생님의 설명을 모두 알아듣지는 못했지만, 선우도 자신의 잘못을 공감했다. 준하에게 사과하고 싶다고 했다.

주먹다짐은 서너 살 또래의 남자아이들 사이에 언제든 일어날 수 있는 일이다.

아이들과의 하브루타는 먼저 마음을 읽어주고 안정시켜주는 일부터 시작한다. 어떠한 편견이라도 있으면 하브루타가 이루어지지 않는다.

선우가 그런 행동을 했을 때, 아무런 편견 없이 공평하게 상황을 보면 안 되는 것일까. 인지 발달이 늦은 아이는 당연히 가해자가 되는 것일까.

아쉬운 건 그 시간에 선생님이 다른 아이들의 놀이에 개입 중이라서, 두 녀석의 싸움을 말리지 못했다는 것이다. 또 하나, 상황을 수습하기 위해 준하에게 먼저 집중했다는 것이다. 선생님들도 '선우가 다른 아이들에게 피해를 주는 것'으로 생각하고 있었다는 말이다.

어눌하지만 선우가 "미안해." 하고 사과했다. 아이들이 화해하면서 유치원에서의 일은 마무리되었다.

이 일을 양쪽 부모에게 사실대로 전달하는 숙제가 남았다. 부모들은 자기 자녀의 잘못을 지적하거나, 다른 아이의 입장을 두둔하는 발언에 민감하다. 부모들에게 사실대로 낱낱이 설명한다 해도 자기 자녀의 입장에 서서 오해할 수 있다.

담임 선생님은 개학 전 선우를 유치원에 한두 시간 일찍 오게 했다. 낯선 환경에 잘 적응할 수 있도록 도와주었다. 선우는 즐거우면 자기가 좋아하는 장난감을 높이 던진다. 그 모습을 보며 아이들이 당황하기는 하지만, 친구들 사이에 문제가 생긴 적은 없다.

선우 엄마는 인지 발달이 늦은 아이를 어떻게 양육해야 하는지 잘 모르고 있다. 선우 엄마에게 그동안 있었던 상황을 전하고, 아이의 훈육 방법을 알려주었다.

아이들과의 하브루타는 눈을 맞추면서 대화해야 한다. 선우와 눈을 맞추며 "친구들과 싸우면 안 돼." 하고 몇 번 반복해서 말해 주도록 간곡히 부탁했다.

준하는 언어 전달 능력이 있다. 선생님을 당황하게 할 정도로 말을 잘한다. 매일 유치원에서 있었던 일들을 그림 그리듯이 엄마에게 전달한다. 엄마는 준하 말을 그대로 믿는다.

준하 엄마도 아이들의 행동을 충분히 이해한다. 하지만 어제 선우 문제로 이야기를 나누었는데, 바로 다음 날 이런 일이 생기다니….

불길한 예감은 빗나가는 법이 없다. 담임 선생님에게 이야기를 전해 들은 준하 엄마가 전화로 나를 찾았다.

"선우도 똑같은 교육을 받는 것이 당연하죠. 우리 준하가 피해 보고 다칠까 봐 걱정하는 것이 옳지 않다는 것도 알아요. 선우에게 미안한 마음이 있지만, 사실 걱정이 많이 돼요."

"어머니 마음 충분히 이해합니다. 선우가 남들과 조금 다르기에 교사들도 최선을 다해 교육하고 있어요. 선우도 조금씩 변화되는 모습을 보입니다. 놀이치료도 받고 있고, 선우 어머니도 노력하고 있으니, 우리가 도와줄 수 있는 것은 기다려주기 아닐까요."

선우의 인지 발달이 더디기는 하지만 아직 장애라고 판정하기에는 이르다. 담임 선생님은 선우를 바라보는 아이들의 눈빛이 달라 속상하다고 말한다.

배려를 가르쳐야 할 엄마들이 오히려 아이들에게 '선우는 이상하니까 조심해'라고 말한 건 아닐까. 어른들의 잘못된 인식과 사회적 편견이 올바른 교육의 걸림돌이다.

부모들은 장애가 있는 아이들도 똑같이 교육받을 권리가 있다고 인정한다. 남의 일이라면 어느 교실에나 일어날 수 있는 평범한 일이라 생각한다. 그런데 내 아이와 관련된 일이라면 문제가 다르다.

준하가 선우 아닌 다른 아이와 싸웠다면 어떻게 반응했을까? 대수롭지 않은 아이들의 싸움으로 여겼을 것이다. 똑같이 싸웠더라도 준하가 힘이 세서 맞지 않았다면 그토록 거부감을 느끼지 않았을 것이다.

발달장애가 있는 아이의 부모들은 항상 마음이 무겁다. 똑같은 일이 생겨도 가해자로 취급받는다. 편견이 불러오는 가슴 아픈 현실이다.

아이들의 편견은 부모에게 물려받은 것이다.

선우는 너희와는 다른 친구니까 놀지 말라고 말하는 것이 옳은가. 선우는 아이들을 때리는 친구니 가까이 가지 말라고 해야 하는가.

선우를 피하라고 말하지 말자. 어떤 편견도 아이들에게는 독이 된다.

부모가 먼저 솔선수범해야 한다. 선우는 친구니까 사이좋게 잘 지내라고 말하자. 한 번쯤 선우가 무엇을 좋아하는지 물어보라고 하자. 조금만 더 참고 기다려주자. 어른들의 선입견으로 아이들을 바라보지 말자.

더불어 사는 사회는 다름을 인정해야 한다. 똑같이 대하지만 조금 느리고 조금 생각이 짧은 차이를 인정하는 것이 옳다. 아이들에게 어떤 친구라도 차별하지 말고, 서로의 차이를 알도록 가르쳐야 한다.

발달장애가 있는 중학교 아이가 또래 친구들에게 폭행을 당해 중태에 빠진 사건을 뉴스로 보았다. 놀림당하고, 따돌림당하고, 착취당하고, 폭행당하다가 결국 목숨마저 위태로워졌다.

우리는 장애인 친구 대하는 방법을 제대로 가르쳤는지 돌아보아야 한다. 어려서부터 약한 사람을 배려하는 인성교육이 절실하다. 부모와의 일상 하브루타가 모든 가정에 정착되기를 바란다.

◆

부모가 내 아이만 소중하다는 편견을 가지면 자녀가 올바르게 성장할 수 없다.

05

엄마가 그렇게 가르쳤어?

이스라엘 사람들은 정직을 생명처럼 중요하게 여긴다. 탈무드의 책장을 넘기면 어디에서나 정직과 관련된 이야기를 찾을 수 있다. 그들은 자녀들과의 대화를 통해서 쉼 없이 정직을 강조한다. 대화의 가장 중요한 주제가 정직이다. 정직을 사회 생활과 인간관계의 가장 중요한 자산으로 생각한다.

부모는 아이들이 정직하게 성장하기를 바란다. 정직한 삶이 무엇인지 알려주지 않아도 자연스럽게 깨달아 갈 것으로 생각한다. 손 놓고 있다가 아이에게 어떤 사건이 생기면 그때서야 부랴부랴 정직을 가르치려 한다.

아이들은 부모의 삶을 보고 배운다. 일상에서 모범을 보여주어야 한다. 그런데 부모가 정직한 모습을 보여주지 못할 때도 있다. 교통안전을 강조하다가 무단횡단하기, 아무 데나 쓰레기 버리기 등 아이들은 여기저기서 마주하는 어른들의 이중적인 태도에 혼란스럽다.

또래의 행동을 보고 생각 없이 따라 하는 아이들의 속성도 알아야 한다. 무분별한 각종 매체를 통해 잘못된 행동을 배우기도 한다. 인성교육이 꼭 필요한 이유이다.

5세반 화폐 프로젝트가 진행되고 있었다. 아이들이 가져온 다양한 자료들을 교실에 전시해놓았다. 그중에는 백 원, 오백 원짜리 동전들이 포함되어 있었다. 많은 양의 물품들이 교실에 전시되다 보니 관리가 허술할 수밖에 없었다.

오늘도 아이가 과자를 먹으며 집으로 들어오는 걸 보고 수상하게 여긴 엄마가 보라에게 물었다.

"보라야, 무슨 돈으로 과자를 샀니?"

"유치원에 있는 동전 2개를 가져가서 샀어요."

아이의 대답에 엄마는 어떤 상황인지 바로 알아차렸다. 깜짝 놀란 엄마는 보라의 잘못된 행동에 대해 엄하게 꾸짖고, 이 사실을 유치원에 알렸다.

담임 선생님은 전시된 동전이 없어진 것을 알고 있었다. 적은 금액인 데다 '별일 없겠지.' 하는 생각으로 아이들에게 말하지 않았다. 어떻게 처리하는 것이 좋을지 몰라 망설여지기도 했다.

정직은 금액으로 환산할 문제가 아니다. 교사의 안이한 대처로 아이의 잘못된 행동이 반복되었다. 엄마마저 상황을 파악하지 못했다면 아이의 잘못된 행동을 어른들이 부축인 결과가 되었을 것이다.

보라를 조용히 불러 이야기를 나누었다. 처음에 돈을 가져갈 때는 가슴이 콩닥콩닥 뛰었다. 하지만 두 번째 가져갈 때는 '선생님이 모르니까 괜찮다'라는 생각이 들어 대담해졌다. 돈의 주인을 선생님이라 생각하고, 엄마의 반응은 걱정하지 않은 모양이다. 주인에게 들키지만 않으면 된다는 생각은 어디서 배웠을까.

처음에 돈을 가져갈 때는 죄책감이 있었지만, 누구에게도 들키지 않자 두 번째는 죄책감마저 사라졌다.

아이와 대화를 나누면서 누군가 보거나 안 보거나, 어떠한 경우라도 남의 돈이나 물건에 손대는 것은 잘못된 행동이라고 일러주었다.

평소에 누가 보는 것과 상관없이 정직하게 살아야 한다는 것을 가르쳤다면 그런 일은 일어나지 않았을 것이다. 뒤늦게라도 잘못된 행동임을 깨닫고 바르게 살기로 약속했으니 다행이다.

아이들은 인지 발달 과정에서 엉뚱한 행동을 할 수 있다. 아이들이 갑자기 문제 행동을 보이면 깜짝 놀란다. 부모가 해결 방법을 알지 못해 쩔쩔매기도 한다. 너무 심하게 다루면 삐딱해질까, 아무렇지 않은 듯 넘어가자니 같은 일이 반복되지는 않을까, 걱정만 하다가 가르칠 시기를 놓치고 만다.

아이를 설득할 수 있는 방법으로 확실하게 가르치는 것이 옳다. 그러나 문제를 해결하는 과정에서 심하게 화내거나 벌을 주면, 아이들은 실수했을 때 정직하게 말하기를 두려워하게 된다.

이럴 때 부모와 아이에게 모두 필요한 것이 하브루타 대화이다. 부모는 아이들의 올바른 성장을 위해 일상 생활 속에서 하브루타를 실천해야 한다.

하브루타는 질문을 통해 문제를 해결해가는 과정을 중요시한다. 아이들의 마음을 다치지 않도록 대화를 통해 문제를 풀어간다. 아이들 스스로 정직한 인성이 왜 중요한지를 알고 공감하게 하자.

일과가 끝나갈 무렵, 수민이 아빠가 담임 선생님과 상담하기 위해 아이를 데리고 유치원을 방문했다. 무슨 일인지 화가 많이 나 있었다. 아이가 7살이 되면서 어른 말을 안 듣고 꼬박꼬박 말대꾸나 하더니, 이제는 나쁜 짓까지 했다는 말이었다.

은영이가 유치원에 눈알 젤리를 가져왔다. 친구 은주에게 가방에서 2개를 꺼내 가라고 했다. 은주는 은영이 가방에서 눈알 젤리 2개를 꺼내 자기 가방에 넣었다.

수민이는 은주가 친구 가방에서 눈알 젤리 꺼내는 장면을 보았다. 은주 가방에 들어 있는 눈알 젤리가 갖고 싶어졌다. 은주 몰래 눈알 젤리 1개를 꺼내 자기 가방에 넣고 집으로 돌아갔다.

아이의 가방에 눈알 젤리가 들어 있는 것을 본 아빠가 수민이에게 물었다.

"가방에 이게 뭐니?"

"눈알 젤리예요. 갖고 싶어서 친구 가방에서 꺼내 가져왔어요."

착하게만 생각했던 우리 아이, 한 번도 남의 물건에 손을 댄 적이 없는 아이다. 집에 간식이 부족한 것도 아니다. 아이가 원하는 것은 모두 사주었다. 그런데 친구 가방에서 젤리를 몰래 꺼내왔다는 이야기는 아빠에게는 큰 충격이었다.

머리끝까지 화가 났지만, 눈알 젤리 문제를 해결하는 것이 먼저라 생각하고 참았다. 눈알 젤리를 반환하는 것이 유혹의 뿌리를 뽑는 일이다. 지금 당장 제자리로 돌려주는 일이 급하다고 판단했다. 아이를 체벌하지 않고 일단 유치원으로 데리고 온 것은 괜찮은 선택이었다.

담임 선생님이 수민이와 상담하는 시간을 가졌다. 왜 젤리를 가져갔는지 물어보니 '너무 갖고 싶었어요'라고 대답하였다. 아이들은 단순해서 자기가 원하는 한 가지만 생각한다. 은주의 행동을 보고 아무 생각 없이 따라 했다. 갖고 싶은 마음이 너무 강하면 다른 생각이 막혀 버릴 수 있다.

눈알 젤리가 아무리 갖고 싶더라도, 허락을 받지 않고 남의 물건을 가져간 행동은 잘못이라는 것을 수민이에게 충분히 이해시켰다. 자기 입으로 그런 행동을 다시 하지 않겠다는 다짐을 받고 잘 마무리하였다.

아빠에게는 '화낸다고 해결되지 않는다. 오히려 마음의 상처만 남을 수 있다. 먼저 아이가 갖고 싶었던 마음이 무엇보다 컸다는 사실을 공감해주어야 한다. 하지만 어떤 방법으로 젤리를 갖는 것이 좋을지, 잃어버린 친구의 마음은 어떨지 대화로 풀어가는 것이 좋다'라고 알려주었다.

만약 아빠의 화난 감정으로 체벌을 하거나 심한 말로 혼냈다면, 수민이는 큰 수치심과 함께 아빠에게 미워하는 감정이 남았을 것이다. 미움은 마음의 상처가 되어 또 다른 잘못된 행동을 유발할 수 있다는 점을 유의해야 한다.

수치심은 아이에게 트라우마가 될 수 있다. 한 번의 실수로 아이의 마음에 낙인을 찍지 말자.

"엄마가 그렇게 하라고 시켰어?", "아빠가 그렇게 하는 것 봤어?"

아이들과 평소 대화하지도 않고 제대로 가르친 사실도 없는 부모들이 하는 말이다. 아이가 잘못을 깨닫지도 못하고 있는데, 이런 말로 아이를 다그치는 것은 정말 듣기 거북하다. 이해시키지도 않고 화부터 내거나 벌부터 주면, 아이는 부모를 신뢰하지 않는다.

인성이 바른 아이로 성장하길 바라는가. 어린 시절의 밥상머리 교육이 중요하다. 일상 생활 속에서 자연스럽게 정직한 삶을 가르쳐야 한다.

하브루타의 뿌리가 되는 것은 인성이다. 인성을 먼저 갖추어야 하브루타를 할 수 있는 것이 아니라, 하브루타를 통해 바른 인성이 뿌리내리게 된다. 부모와 하브루타 대화로 공감하는 시간이 바로 인성교육 시간이다.

아이가 그릇된 행동을 했더라도, 부모나 교사는 너를 믿고 있다는 마음을 전해야 한다. 아이가 바르게 자랄 수 있다는 믿음이다. 신뢰는 아이의 마음을 변화시킬 첫 단추이기 때문이다. 어른들이 믿어주면 아이들은 기대를 저버리지 않는다.

아이의 마음을 먼저 읽어주고, 잘못된 행동에 대해 하브루타로 해결하라. 아이는 부모의 믿음대로 나쁜 행동을 하지 않겠다고 스스로 다짐할 것이다.

◆

부모가 믿어주는 아이가 정직한 인성을 갖춘 아이로 자란다.

06

불평불만이 많은 아이에게 감사를 가르치세요

아이들은 엉뚱하다. 교무실에 불쑥 나타나 "사탕 주세요." 하고 말하기도 한다.

준호는 생글생글 웃으며 다가와 손 내밀어 사탕을 받아 들고는 쏜살같이 교실로 뛰어간다. 서영이는 "또 이거네. 파란색 없어요?"라고 투정을 부린다. 하은이는 수줍은 듯 "고맙습니다"라며 공손히 인사한다.

작은 일에 감사하는 아이가 얼마나 예쁜가. 아이들은 가르쳐 주지 않으면 고마움이 무엇인지 어떻게 표현해야 하는지 모른다.

아이들은 언제 무엇에 감사할까. 오빠가 학교에 갔다가 선생님에게 상으로 받은 막대사탕을 주었을 때, 건빵 속에 별사탕이 들어 있을 때, 엄마가 치킨을 사주었을 때와 같이 일상 가운데 섞여 있다.

아이들에게 고마움을 느낄 때가 언제냐고 물으면 바로 대답하지 못한다. 삶과 밀접한 소소한 일에 감사를 표현할 줄 모르기 때문이다.

"회오리바람이 불던 날 오소리 아줌마는 바람에 떼굴떼굴 굴러 읍내 장터에 갔다. 시장에 머무르며 이것저것 구경을 했다. 사람들에게 들킬 것을 걱정하며 집으로 돌아오는 길, 학교 울타리 안에 피어 있는 아름다운 꽃들을 보았다.

집으로 돌아와 오소리 아저씨와 함께 꽃밭을 만들려고 괭이로 땅을 일구는데 집 주변 여기저기에 이미 온갖 꽃들이 피어 있는 것을 알게 되었다. 패랭이꽃, 잔대꽃, 용담꽃, 도라지꽃. 꽃들로 가득한 세상을 보며 행복한 웃음을 짓는다.

오소리 아줌마는 우리집 꽃밭을 따로 가꾸려다가 문득 깨닫는다. 자기 집은 이미 아름다운 꽃이 사방에 피어 있는 자연 속이라는 것을. 온 세상이 꽃밭이라는 것을. 겨울에는 하얀 눈꽃이 온 산에 가득 피어난다는 것을."

《오소리네 집 꽃밭》 그림책 이야기다.

아이들에게 감사에 대한 '생각 넓히기' 활동으로 독서 하브루타를 했다.

"감사한 일, 어떤 것들이 있을까?"

"아플 때 의사 선생님이 고쳐주셨어요."

"엄마가 맛있는 거 해주실 때요."

"정말 잘 아는구나. 그럼 어떻게 감사해야 할까?"

"고맙다고 말해요."

평소 유심히 바라보고 생각하지 않을 뿐, 사람의 힘으로 할 수 없는 경이로운 일들이 우리 주변에 많다. 산과 들에 예쁜 꽃들이 피어나 기분을 즐겁게 만들어주는 것. 눈이 온 땅에 하얗게 내려 눈사람 만들고 놀 수 있는 것. 아침에 엄마가 좋아하는 반찬을 준비해 밥을 먹게 해주시는 것. 친구들과 재미있게 놀 수 있도록 유치원에 보내주시는 것.

아이들의 생활 가까이 있지만 그래서 정말 고마워해야 할 일들을 잊고 사는 것은 아닐까.

이스라엘 사람들은 자연의 아름다움도 자기 재산도 그 밖의 모든 것도 신의 선물로 알고 감사한다. 모든 것을 주신 신에 대한 고마움을, 이웃에게 행동으로 실천하는 것이 쩨다카(tzedakah)이다. 이스라엘 사람들의 쩨다카는 구제를 뜻하지만, 감사의 의미에 가깝다.

쩨다카는 부자가 가난한 사람에게 나누어주는 의미가 아니다. 여호와께서 주신 재물을 공평하게 나누어 쓰는, 이스라엘 백성의 의무라고 생각한다. 쩨다카를 실천하지 않는 것은 재물을 우상으로 숭배하는 것처럼 생각할 정도이다. 어쩔 수 없는 사정으로 가난하게 된 사람이 쩨다카를 받지 않는 것도 금하고 있다. 공동체 안에서 감사함으로 받아야 한다.

이스라엘 사람들은 여호와께 감사함을 잊지 않도록 가르친다. 하브루타의 실천 덕목이기도 하다. 어려서부터 쩨다카를 실천하여 감사가 삶의 일부분이 되도록 한다.

딸들과 돼지 저금통을 털어 어디에 쓸지 대화를 나누었다. 마침 큰딸이 어려운 이웃들에게 그림엽서를 보내는 숙제를 하고 있었다.

"우리보다 어려운 친구에게 후원해보는 것은 어떨까?"

"왜 하는데?"

"우리는 따뜻한 집에서 맛있는 것도 먹고 편하게 지내고 있잖아. 우리보다 어렵게 사는 친구를 돕자는 거지."

"어떻게 어렵게 살아?"

"밥도 제대로 못 먹고 옷도 제대로 입지 못해."

아이들도 어려운 이웃을 돕는 일에 공감했다. 기쁜 마음으로 후원하기로 했고 태국에 사는 한 아이에게 후원금을 보내게 되었다.

쩨다카의 실천으로 어려운 친구에게 사랑을 베푸는 마음을 배웠다. 후원하는 아이의 생활을 전해 들으며, 우리가 편안하게 사는 것이 얼마나 감사한 일이지 어렴풋이 느꼈을 것이다.

매일 먹는 음식도 마음가짐에 따라 대하는 태도가 달라진다. 배고플 때는 어떤 음식이라도 감사하며 맛있게 먹는다. 배부르면 맛있는 음식이라도 감사함을 잊는다.

식사 때마다 아이들에게 '감사합니다'라고 말하고 먹게 하자. 밥상머리 교육 같은 일상 하브루타에서 고마움이라는 주제를 항상 기억해야 한다.

어떤 광고에서 '엄마가 갈아주는 주스 매일 맛있게 먹어줘서 고마워'라고 하여 깜짝 놀랐다. 번거로운 수고를 마다하지 않고 음료를 준비한 엄마에게 아이가 감사하는 것이 당연하다.

그런데 광고처럼 엄마가 '고마워'라고 말하면 아이들이 감사함의 의미와 가치를 알지 못한다. 아이가 '엄마, 주스 만들어주셔서 고마워요'라고 말하고, 엄마는 '맛있게 먹는 모습을 보니 엄마가 기쁘네'라고 감정을 표현하는 것이 맞다.

고마움을 표현하는 방법도 가르쳐야 한다. 가르치지 않으면 감사하지 않아도 되는 것으로 착각한다. 기회가 있을 때마다 아이들에게 감사함을 적극적으로 표현하도록 권장하여 익숙한 습관이 되게 하자.

감사를 표하는 가장 쉬운 방법이 말로 마음을 전달하는 것이다. 방법이 쉽다고 아이들이 쉽게 실천하지는 않는다. 고마움을 표하는 말 한마디라도 연습이 필요하다. 진심을 담은 말 한마디가 상대방을 기쁘게 한다.

좀 더 시간과 정성을 들이면 글과 그림으로 마음을 전달할 수 있다. 감사한 마음을 글로 적거나 그림으로 표현할 때, 받는 사람은 그 어떠한 선물보다 따뜻함을 느낄 수 있다. 생일, 어버이날, 스승의 날, 크리스마스와 같은 기념일에 손편지와 그림카드가 사랑받는 이유이다.

가장 적극적인 마음의 표현으로 선물을 준비하기도 한다. 선물은 큰 비용을 들이지 않아도 상대방을 감동하게 만든다.

감사는 상대방의 마음에 공감하며 잊지 않겠다는 생각을 전하는 것이다. 형식적인 인사가 아니라, 적극적으로 고마움을 표시하도록 안내해주어야 한다.

존 템플턴(John Templeton)은 '감사하는 마음은 행복으로 가는 문을 열어준다'라고 했다. 살다 보면 감사할 일이 수없이 많다. 감사는 느끼고 표현할 때 서로에게 기쁨을 준다. 서로 기쁨을 나누면 행복도 함께 찾아온다.

사람들에게 행복한 순간은 언제일까? 자기의 목표가 실현되었을 때, 다른 사람들이 나를 알아줄 때, 다른 사람이 나로 인하여 행복해하는 모습을 볼 때 행복을 느낀다. 행복을 느끼는 이유는 사람마다 다를 수 있다.

고마움은 도움을 잊지 않고 기억해주는 것이다. 내가 어려울 때는 누군가의 작은 도움에도 고마움을 느낀다. 고마운 감정은 크건 작건 아낌없이 표현해야 한다. 그래야 나눔을 실천한 사람과 고마움을 전하는 사람 모두 행복하다.

고마움을 아는 아이가 행복하다. 감사하는 마음에서 긍정적인 에너지가 생겨난다.

감사할 줄 모르는 아이는 불평과 불만으로 가득하다. 매사에 불평불만을 갖다 보면 부정적인 생각으로 삶의 즐거움을 잃게 된다. 자기에게 주어진 것에 만족할 줄 모르는 삶은 불행하다.

감사는 행복한 삶을 살기 위한 필수 요소이다.

자녀가 행복하기를 바라는가. 작은 것 하나라도 감사하는 습관을 길러주자. 아이들에게 물려주어야 할 것은 재산이 아니다. 자신의 삶을 감사하고 좋은 것을 이웃과 나누려는 소중한 마음이다. 자녀의 행복은 부모의 생각에서 시작된다.

"우리 아이는 불평불만이 많아요. 아무리 이야기해도 소용이 없네요. 어떻게 고쳐야 할까요?"

감사에서 답을 찾아야 한다. 감사할 일이 무엇인지 일깨워주어야 한다. 감사가 넘치면 불평은 자연스레 줄어든다.

◆

불평하는 아이를 나무라는 대신, 감사할 일부터 가르쳐라.

07

칭찬은 공감으로 완성된다

큰딸 세연이가 초등학교 1학년 때의 일이다. 아이는 여름방학 내내 점심을 혼자 챙겨 먹고 피아노학원에 가야 했다. 매일 혼자 밥을 먹는 것이 미안하기도 짠하기도 했다. 그러나 세연이는 스스로 요리해 먹는 것을 좋아해서 그런 상황도 즐기는 것 같았다.

어느 날 프라이팬에 달걀을 넓게 익힌 다음 돌돌 말아 계란말이 첫 작품을 만들었다. 김밥처럼 둥글게 말고 케첩을 뿌려 한껏 멋을 낸 계란말이는 엄마가 만든 것보다 훌륭했다. 본인도 만족했는지 사진을 찍어 엄마에게 카톡으로 보내왔다.

"우와! 엄마보다 훨씬 잘 만들었네. 우리 딸 대단해."

엄마의 칭찬 한마디 때문이었을까. 그날 이후 세연이는 음식

만드는 재미가 붙었다. 인터넷 검색으로 레시피 공부를 하면서 리조또, 머랭쿠키, 마카롱 만들기 등 어려운 요리에 도전하기 시작했다. 모양이 찌그러지고 덜 익거나 너무 태운 마카롱이 주방에 굴러다니기도 했다.

저녁이면 세연이가 끊임없이 노력해 만들어 놓은 음식을 먹으면서 품평회를 하였다. 우리 가족 모두 행복했지만, 무엇보다 세연이가 즐거워하는 모습이 보기 좋았다.

칭찬은 적절한 방법으로 제때 이루어져야 효과가 있다. 어른들이 칭찬하는 방법을 제대로 알고, 자연스럽게 활용하는 것이 좋다. 남들과 비교하는 말로 칭찬을 한다거나, 칭찬해야 할 일을 용돈이나 간식 같은 보상으로 대신하는 것은 오히려 부정적인 효과가 나타날 수 있으므로 유의해야 한다.

그런데 같은 칭찬을 하더라도 아이들과 공감 없이 형식적으로 칭찬하는 것은 아이들이 먼저 알아차리게 되어 그 효과를 기대할 수 없다. 어른들의 진심이 담겨있지 않다는 것을 아이들도 마음으로 느낀다. 이런 면에서 칭찬과 공감은 밀접한 관련이 있다.

아이들에게는 칭찬받을 기회를 많이 만들어주어야 한다. 아이가 할 수 있는 쉬운 일들을 엄마가 대신해주지 말자. 일상적인 일을 아이들에게 맡겨두어야 칭찬할 일이 많아진다. 기본적인 일은 아이가 스스로 하도록 하고, 적절하게 칭찬해주어야 한다.

아이들이 해야 할 일을 나서서 도와주지 말자. 아이들이 엄마에게 감사한 마음을 갖지 않고, 당연히 엄마의 일이라 생각하게 된다. 또 아이들은 자립심이나 책임감을 기르지 못하며, 칭찬받을 기회도 줄어든다.

가정에서 아이들이 책임져야 할 일과 어른들 일손을 돕는 것을 구분해야 한다. 사소한 일이라도 아이들 스스로 한 일에는 칭찬해주고, 어른의 일손을 도왔다면 감사의 표현을 하거나 보상해주어도 좋다.

칭찬할 일을 돈이나 선물로 보상하는 것은 좋지 않다. 칭찬과 보상을 구분해 시행하지 않으면 칭찬의 효과는 사라지고 보상만 남는다. 칭찬으로 만족할 일도 아이들이 보상을 요구하기 때문이다.

"네 방을 치우면, 맛있는 음식을 만들어줄게."

아무 생각 없이 흔히 쓰는 말이다. 자기 방 청소를 하는 것은 아이가 스스로 해야 할 일이고, 아이에게 음식을 만들어주는 것은 엄마가 할 일이다. 거래 대상이 아니다.

자녀에게 자기 방을 깨끗이 정리하는 습관이 생기도록 엄마가 칭찬해주어야 한다. 아이는 맛있는 음식을 만들어주는 엄마에게 감사해야 한다.

"네 방을 정말 깔끔하게 정리해 놓았네. 엄마는 우리 세연이가 자랑스러워!"

"네가 좋아하는 어묵튀김 만들어 놓았어." "너무 맛있어요. 엄마 고마워요."

집에서는 이런 대화가 자연스러워야 한다. 엄마는 아이를 자주 칭찬하고, 아이는 엄마에게 항상 감사해야 한다. 화기애애한 대화 분위기를 만들어갈 일상적인 기회를 보상으로 거래하는 상황이 안타깝다.

아이들의 기본 습관을 너무 강조하다 보면 칭찬보다 혼낼 일이 많아진다. '자기 할 일을 한 것' 뿐인데 칭찬이 왜 필요하냐고 반문할 수도 있다. '할 일을 안 하면 당연히 혼나야지'라고 생각할 수도 있다.

화를 내거나 벌주지 말자. 어른들을 닮아 화를 잘 내는 아이로 성장한다. 아이들에게 벌을 주는 것은 인성교육에 아무런 도움이 되지 않는다. 칭찬이 아이들의 긍정적인 행동을 강화시켜준다는 사실을 잊지 말아야 한다.

지속적으로 잘하고 있는 일상의 일이라도 관심을 놓지 말고 칭찬해주어야 한다. 칭찬을 많이 받은 아이가 공감능력이 높은 아이로 자란다.

아이들을 칭찬할 때는 잘한 사실만으로 칭찬해야 한다. 칭찬받을 행동에 대해서 구체적으로 칭찬해야 한다. 결과에 만족하지 못해도 최선을 다해 노력한 과정을 칭찬해야 한다.

"너의 손재주가 너무 좋네!", "네가 정말 멋지게 만들었구나!"

"너는 정말 훌륭한 요리사야!" "너는 수영의 달인 같아 보여!"

"참 좋은 생각이야!", "네가 정말 좋은 생각을 해냈구나!"

"네가 잘 해낼 줄 알았어!", "네가 끝까지 해냈구나!"

"너 정말 대단하다!", "네 집중력은 대단해!"

"네가 자랑스러워!", "난 너를 믿어!"

누군가와 비교하는 표현을 사용하거나 단서나 조건을 붙이면 칭찬이라 볼 수 없다. "엄마보다 낫네!" 이렇게 자신과 비교하는 표현은 괜찮다. 칭찬하다 보면 본의 아니게 주변의 아이들이 상처받을 수도 있다. 어떤 말이나 비유는 상대방에게 칭찬처럼 들리지 않을 수도 있다. 칭찬과 지적이 뒤섞인 표현도 칭찬으로 들리지 않는다. 생각 없이 사용하지만 조심해야 할 표현들도 있다.

"우리 반에서 너를 따라갈 아이가 없어."

"형만 잘하는 줄 알았더니 너도 제법이구나!"

"모양은 좀 그런데 맛은 괜찮네."

사람의 행동은 다른 사람의 반응에 크게 영향을 받는다. 의견을 발표할 때도 다른 사람의 감정 변화를 살피며, 공감받고 있다고 느낄 때 자신 있게 생각을 전달할 수 있다.

칭찬, 축하, 감탄 등은 다른 사람에 대한 긍정적인 피드백이다. 이런 말들은 효과적인 의사소통을 돕고, 좋은 인간관계를 형성하게 한다.

칭찬은 자신의 마음이 상대방에 대해 공감하고 있다는 적극적

표현이다. 이 세상 최고의 칭찬은 부모의 칭찬이다.

칭찬을 많이 받은 아이는 친구들에게 긍정적인 반응으로 공감할 줄 안다. 부모의 칭찬은 아이들의 자존감을 높이고 바람직한 행동을 평생의 습관으로 만들어준다.

◆

최선을 다한 아이들은 보상보다 칭찬과 공감을 원한다.

08

굳이 지금 방에 가봐

작은딸 주아는 한글 읽고 쓰기를 잘하지 못한다. 초등학교에 막 입학했지만 코로나 바이러스 때문에 석 달이 지나도록 학교 문턱에도 가지 못했다.

아빠에게 보내는 문자도 엄마나 언니의 손을 빌린다. '내가 못하는 게 아니라 느려서….' 쑥스러운지 그럴듯한 핑계로 얼버무린다.

책 보는 것도 좋아하지 않는다. 글을 잘 읽지 못하니 흥미가 없을 수밖에. 하지만 하브루타는 좋아한다. 하브루타를 하면서 어휘력이 늘고 말하는 솜씨도 보통이 아니다.

집에서 언니와 함께 그림책으로 하브루타를 시작할 때쯤이었다. 어린이집에 다니던 주아는 어른이 하는 말, 언니가 하는 단어를 따라했다. 어떤 뜻이냐고 물으면 이해할 때도 있지만, 어떤 때는 뜻도 모르는 채 사용했다.

"굳이 지금 방에 가 봐."

"뭐라고? 굳이가 무슨 뜻인지 알아?"

"아니, 언니가 맨날 하는 말이야."

"주아야, 굳이는 꼭 그럴 필요가 없다는 뜻으로 쓰는 거야."

주아는 멋쩍은 듯 웃음으로 넘겼다. 우리는 주아의 표정을 보며 한바탕 웃었다.

언니처럼 '굳이'라는 말을 쓰고 싶었는지 말을 할 때마다 여기저기 '굳이'를 끼워 넣었다. 요즘 주아는 '굳이'라는 말을 적절하게 사용한다. 언니가 언제 그 말을 사용하는지 귀 기울여 들었기 때문이다.

조카도 한창 말을 배우는 시기에 아무 데나 '그래'라는 단어를 붙였다. 언니는 아들이 말끝마다 '그래'라고 말해서 걱정스러운 모양이었다.

내가 "언니가 그 말을 자주 사용하잖아"라고 말하자 그제야 아들이 엄마의 언어 습관을 따라하고 있다는 사실을 깨달았다. 나도 아이들에게 '굳이'라는 말을 자주 사용했다. 그러니 아이들도 자연스럽게 따라하는 것이다.

언어를 상황에 딱 맞도록 사용하는 것이 쉬운 일은 아니다. 우선 많이 들어야 한다. 같은 말이라도 많이 듣다 보면 단어의 느낌까지 이해하게 된다. 아기에게 가장 먼저 말을 가르쳐주는 사람은 엄마이다. 엄마가 말하는 느낌까지 배운다.

언어에는 힘이 있다. 그러나 대화의 방법에 따라 그 영향력은 사뭇 다르게 발휘된다. 언어의 힘을 제대로 전달하는 대화 방법은 무엇일까. 역시 공감이다.

공감의 대화를 하기 위해서는 먼저 눈을 맞추고 들어야 한다. 상대방의 눈빛을 보며 제대로 들어야 상대방의 속뜻까지 알 수 있다.

언어는 단지 말하는 도구로만 사용되지 않는다. 언어 이상의 다양한 의미가 담겨있다. 부모의 언어 사용은 아이들에게 크고 작은 영향을 미친다.

아이가 그릇을 깨뜨렸다. 이때 엄마의 반응을 둘로 예상해보자.

"조심하지 않고 또 깨뜨렸어."

어떤 엄마는 대뜸 소리부터 지른다. 아이는 잘못을 지적만 받았다.

"놀랐겠다. 어디 다친 데 없니?"

다른 엄마는 아이의 눈을 보며 안아주었다. 아이의 초점은 공감해준 엄마에게 있다. 아이는 이미 자신의 실수 때문에 마음이 아프다. 그 점을 알아준 엄마 덕분에 아픈 마음이 사라진다.

키워주는 엄마가 중요한 것이 아니다. 공감하는 엄마가 되어야 한다. 아이는 공감해주는 친구의 엄마를 보며 '나의 엄마라면 행복할 것 같다'라고 생각한다.

사람들은 대화를 통해 감정을 공유할 때 행복을 느낀다. 공감은, 언어 사용의 가장 중요한 포인트이다.

〈나는 보리〉라는 영화에서 보리는 가족 중 유일하게 소리를 들을 수 있다. 아빠, 엄마, 동생 모두 청각장애가 있다. 가족과 함께 있을 때, 보리는 혼자만 들을 수 있기에 오히려 소외감을 느낀다.

보리의 소원은 소리를 잃는 것이다. 일부러 안 들리는 척하며 가족들과 공감하려 했다. 그래야 가족과 가까워질 수 있다고 생각한 것이다.

자기만 다르다고 느끼는 소녀가 그 혼란스러운 시간을 통과하여, 진정으로 공감하는 것은 '소리를 닫는 것이 아니라 마음을 여는 것'이라는 사실을 깨닫게 되는 이야기다.

'눈빛만 봐도 알 수 있다'라는 말이 있다. 때로는 목소리를 주고받지 않아도 대화할 수 있다. 언어로 오가는 내용이 중요하지 않을 수도 있다. 마음까지 공감해야 진정한 대화이다.

공감하는 언어 구사 능력을 갖춘 자녀로 성장하기를 원하는가. 하브루타 대화가 일상이 되어야 한다. 하브루타를 한다고 특별한 단어나 어려운 문장을 배울 필요는 없다. 평소와 다름없는 언어를 사용하면 된다. 단, 공감을 담아야 한다.

하브루타는 유대인들의 삶에서 온 것이다. 하브루타 문화를 이해하기란 쉽지 않다. 그 안에 품고 있는 의미는 단순히 하브루타라는 단어로 설명할 수 없기 때문이다.

삶속에서 사용되는 언어에도 차이가 있다. 우리가 그들의 하브루타를 쉽게 따라할 수는 없다. 하지만 하브루타는 우리 문화의 약점을 보완하기에 좋은 매개체이다. 부모의 언어에 이스라엘 사람의 하브루타 문화가 묻어나야 한다.

아이들에게 바른 언어 교육을 언제 시작해야 할까?

이스라엘 사람들은 태아 때부터 시작한다. 그들은 유일신인 여호와 하나님 중심의 문화이기에 태교할 때부터 성경말씀을 들려준다. 삶이 곧 신앙이기 때문이다. 처음 듣는 언어가 성경구절이다. 엄마의 뱃속에서부터 들어왔던 언어 습관은 태어나면서부터 죽음에 이르기까지 영향력을 미친다.

아이들에게 바른 언어는 어떻게 가르쳐야 할까?

우리나라 부모들의 주요 언어는 명령이나 지시가 많다. 자녀들은 어려서부터 듣고 자란 부모의 언어 습관을 그대로 물려받는다. 성장한 후에도 부모와 같은 유형의 언어를 사용하게 된다. 어려서부터 하브루타를 함으로써 아이들에게 올바른 언어 습관을 물려주어야 한다.

아름답고 부드러운 언어를 사용하려고 노력하자. 질문의 언어를 사용하자. 대화할 때 감정적인 언어를 자제하자. 부정적인 말보다 긍정적인 표현과 공감해주는 언어를 많이 사용하자.

아이들의 언어에 가장 큰 영향을 주는 것은 부모, 즉 주 양육자이다. 교사의 언어 습관도 아이들에게 영향을 끼친다. 특히 나쁜 말은 더 빨리 배운다.

아이들은 어른의 거울이다. 어른들의 뒷모습까지 보고 배우며 성장한다. 평소의 언어 습관부터 아주 작은 행동에 이르기까지 본이 되어야 한다.

◆

부모의 언어 습관이 자녀들의 평생 언어와 행동까지 좌우한다.

09

아이는 믿어주는 만큼 성장한다

7세반 하람이는 키가 엄마 코 만큼 올라온다. 엄마는 유치원 아이가 중학생처럼 크다는 것을 엄청난 콤플렉스로 여기고 있다. 아이들 사이에 일어나는 모든 일을 외모와 연관지어 생각한다. 다른 아이들보다 덩치가 크고 힘이 세다 보니, 하람이의 작은 움직임이라도 친구들에게는 위협적이다. 그래서 붙여진 별명이 공룡이다.

하람이는 이전에 다니던 유치원에서 사고뭉치 노릇을 하다 그만두었다. 일곱 살이 되어서야 우리 유치원에 다시 입학하게 되었다.

하람이는 친구들과 놀이할 때도 다른 아이들에게 우호적인 태도를 보이지 않았다. 감정 조절이 되지 않는 날이면 교실에서 크게 소리를 지른다거나 의자를 집어 던지기도 했다. 그럴 땐 친구들이 하람이를 피해 물고기 떼처럼 우르르 도망 다니곤 했다.

하람이가 입학한 지 며칠 지나지 않았을 때였다. 유치원 현관에서 아이 우는 소리가 들렸다. 알고 보니 교실에 들어가기 싫다고 버티는 하람이 울음이었다.

엄마는 이번 만큼은 하람이를 유치원에 적응시키고 싶은 마음이 간절했다. 집에 돌아가고 싶다며 떼를 쓰던 하람이를 어르고 달래다가, 아들의 힘에 밀려 그만 엄마가 바닥에 넘어지고 말았다. 화가 머리끝까지 치밀어오른 엄마는 아이 등을 힘껏 떠밀며 "들어가!" 하고 크게 소리를 지르고는, 뒤도 돌아보지 않고 집으로 가버렸다.

덩치가 아무리 커도 아이는 아이다. 큰 소리로 울고 있는 하람이의 겨드랑이를 끌어안은 채 교실로 들어왔다. 일곱 살 아이인데도 혼자 힘으로 감당하기 어려웠다. 들어가기 싫다고 몸부림을 치는 바람에 하람이 손에 얼굴을 맞기도 했다. 하람이를 감싸 안고 등을 토닥여주자 화가 좀 누그러졌다.

"엄마에게 왜 그랬어?"

"유치원에 오기 싫었어요."

"그래. 오기 싫을 때도 있지."

화가 난 하람이를 진정시키기는 했지만, 그 이상의 대화를 거부했다. 좀 더 여유를 두고 아이를 지켜보기로 했다.

하람이는 자신의 잘못을 인정하지 않는다. 유치원에서 문제를 일으키고도 자기에게 불리한 이야기라 생각되면 남의 탓으로 돌리거나, 대화를 거부한다. 잘못을 인정했다가 부모에게 심하게 혼났던 경험 때문이다.

부모가 심하게 혼내는 아이들은 다른 어른들에게 강한 반감을 보인다. 혼나지 않으려다 보니 자신이 잘못한 일일지라도 상대방이 먼저 잘못해서 생긴 일이라고 우긴다. 그런 아이와는 진지하게 대화하기도 어렵고, 행동을 변화시키기는 더 어렵다.

엄마는 평소 하람이의 생활 태도가 좋지 않다는 것을 알고 있다. 하지만 아무도 엄마에게 올바른 양육 방법을 가르쳐준 적이 없었다. 엄마는 아이가 잘못된 행동을 할 때마다 지나치게 윽박지르고 때리기도 했다.

하람이는 유치원에 가도 문제아로 낙인찍혀 따돌림당하기 일쑤였다. 어딜 가도 상황이 그러하니 하람이도 마음 붙일 곳이 없었다.

개선의 여지가 보이지 않는다고 아이와의 대화를 포기할 수는 없다. 하람이에 대한 선입견을 갖지 말자. 이전에 어떤 모습이었는지 몰라도 우리 유치원에서는 문제 있는 아이로 낙인찍지 말아야 한다.

하람이가 화를 낼 때마다 "왜 그랬어?"라고 물어보기 시작했다. 첫술에 배부를 수는 없었다. 시큰둥하게 대답을 하지 않더라도 인내심을 갖고 질문을 던졌다. 친구들에게 공격적인 행동을 한 경우라도 그럴 만한 이유가 있을 거라며 하람이를 믿어주고, 왜 그랬는지 물어보았다.

아이의 말은 시비를 가리지 않고 무조건 들어주었다. 하람이도 자신의 마음을 공감해준다고 느낀 모양이었다. 말문이 열리기 시작하면서 조금씩 속마음을 내보였다.

한걸음 더 나아가 자신의 감정을 솔직하게 말해보도록 이끌었다. 친구들과 놀이하다가 싸움이 일어났을 때는 하람이에게 이렇게 말해주었다.

"화가 날 수도 있어. 그런데 소리 지르는 것은 좋은 행동이 아니야."

"친구에게 이렇게 말해볼까? 내가 너의 어떤 행동 때문에 화가 났어. 그래서 속상해."

자유 선택 놀이 시간에 하람이가 블록쌓기를 하고 있었다. 은율이도 블록을 갖고 놀다가 서로 먼저 가져가겠다며 다툼이 일어났다.

"왜 그랬어?"

"은율이가 내가 쓰려는 블록을 먼저 가져갔어요."

"그랬구나. 친구에게 달라고 말해봤어?"

"말하지 않았는데…, 내가 먼저 쓰려고 했어요."

"친구도 똑같이 필요하면 어떻게 하는 게 좋을까?"

담임 선생님은 하람이가 존중받고 있다는 느낌을 받을 때까지 기다려주었다. 꾸준히 질문을 던지고 대답할 기회를 주고 자기 말을 믿어주자, 하람이도 담임 선생님의 말을 신뢰하기 시작했다. 하람이에게 따뜻하게 말을 걸어주는 선생님은 산소 같은 존재였다.

참고 기다리면 좋은 결실로 보답한다. 하람이와 선생님 사이에 라포가 형성되었다. 하원 후 엄마에게 이렇게 말했다고 한다.

"우리 선생님이 복도에서 뛰면 안 된대."

"우리 선생님이 친구한테 그렇게 하면 안 된대."

엄마와의 관계가 좋지 않은 아이도, 가까이서 많은 시간을 함께 보내는 교사와 친구들이 믿어줌으로 아이들의 행동이 변화될 수 있다.

하람이가 선생님 말을 듣게 되면서, 친구들에게 어떻게 행동해야 친하게 지낼 수 있는지 조금씩 깨닫게 되었다. 선생님과 친구들에게 인정을 받으면서 행동의 변화를 보이기 시작했다. 다른 아이들에게 양보하기도 하고 귀찮게 굴던 행동을 자제하려고 노력했다.

하람이는 담임 선생님의 믿음에 보답하듯 한 뼘 성장했다. 교실에서도 친구들과 다투지 않고 점점 솔선수범하는 모습을 보이기 시작했다. 그렇게 하람이는 우리 유치원을 무사히 졸업했다.

하람이 엄마와 상담할 때 이런 말을 했다. "우리 하람이를 믿고 이유를 물어봐주셔서 고맙습니다." 엄마의 눈에서 눈물이 폭포수처럼 쏟아졌다. 엄마도 선생님으로부터 아이를 믿어주고 아이와 공감하는 방법을 배웠다고 했다.

단순한 것 같지만 아이의 생각을 물어보는 것이 하브루타의 출발점이다. 아이에게 질문하고, 아이의 말을 들어주고, 공감해주고, 있는 그대로 믿어주었을 뿐이다. 이것이 하브루타 대화법이다.

어른들은 진실하고 정직한 사람을 신뢰한다. 그러나 아이들은 교사나 친구가 믿어주는 대로 행동한다. 물론 무엇보다 부모의 믿음이 중요하다.

조금이라도 의심하는 말이나 태도는 아이들에게 상처를 남긴다. 상처받은 아이는 마치 어른에게 복수라도 하려는 듯이 일부러 제멋대로 행동하기도 한다.

아이들이 이상한 행동을 하는 것은 부모의 관심을 받기 위함이다. 이때 심하게 혼내거나 벌을 주는 것은 바람직하지 않다. 그런 행동을 하지 않아도 부모의 관심을 받을 수 있다는 믿음을 주어야 한다. 이럴 때 필요한 것이 하브루타 대화이다.

믿음은 아이들의 장래 희망을 결정하는데도 큰 영향을 준다. 믿음은 상대를 인정하고 기다려주는 것이다. 믿음은 장차 이루어질 것이라 기대하는 마음이기 때문이다. 아이들을 바르게 성장시키려면 아이의 생각을 존중하고 믿어주어야 한다.

◆

아이들은 부모의 믿음의 분량만큼 성장한다.

4 부

공감의 대화

공감 질문으로 아이의 창의적 생각이 자란다

아이에게 일방적인 지시나 명령을 멈추자.
아이의 행동을 상이나 벌로 수정할 수 있다는 생각을 말자.
부모가 강압적으로 대하면 아이는 상황에 따른 반응을
준비하거나, 상황만 모면하려는 행동을 보이게 된다.

01
공감의 대화는 마음의 소통이다

'처음학교로' 우선 모집으로 인해 학부모들의 전화 상담이 많았다. 정신 못 차릴 정도로 분주한데 인터폰까지 울린다. 6세반 담임 선생님으로부터 걸려온 전화였다.

"민서가 블록을 들고 가람이를 향해 총을 쏘듯 겨냥하였어요. 가람이는 친구가 장난치는 것으로 생각하고 온몸을 날려 민서를 덮쳤는데, 실수로 민서 얼굴을 들이받아 멍이 들었어요. 지금 두 아이를 내려보내니 얼음 팩 좀 부탁드립니다."

교실의 풍경은 항상 분주하다. 아이들의 이야기를 하나하나 들어줄 여건이 되지 않을 때가 많다. 담임 선생님도 가람이와 민서 이야기를 차근차근 들어줄 여유가 없었다.

아이들을 내게 데려온다 해도 뾰족한 수가 없었다. 아이들의 말을 귀담아들어줄 상황이 아니었다. 민서는 아프다며 눈물을 뚝뚝 흘리고 있고, 가람이는 자신을 변호하기 위해 애쓰는 중이다.

복도를 지나던 부담임 선생님에게 아이들을 부탁했다. 선생님은 가람이의 이야기를 들어주는 한편, 민서에게 약을 발라주었다.

한숨 돌리고 나자 다툰 아이들이 생각났다. 민서와 가람이 일은 아이들 사이의 소통이 필요했다.

아이들을 만나기 전, 담임 선생님에게 무슨 일이 있었는지 물어보았다. 가람이는 넘치는 에너지를 주체하기 어려워 온몸으로 말하는 아이다. 실수도 잦고 매번 변명하기 바쁘다.

"민서야, 얼굴을 맞아서 정말 아프고 속상하구나."

"그게 아니에요."

뜻밖의 대답에 놀라 민서의 표정을 유심히 살폈다. 민서는 눈빛으로 뭔가 억울함을 호소하고 있었다.

"그럼, 아픈 거보다 더 속상한 게 있어?"

"내가 힘들게 만들어 놓은 블록을 가람이가 쓰러트렸어요. 그래서 너무 속상해요. 정말 힘들게 만들었던 거예요."

"아! 그래서 그렇게 눈물이 났구나…. 정말 화나고 속상하겠네."

교사는 자기에게 포착된 단 한 장면만으로 아이들의 생각을 판단하기도 한다. 대화 내용을 담임 선생님에게 알려주었다.

민서는 친구가 장난으로 그랬다는 것을 안다. 자기를 다치게 할 생각이 없었다는 것도 알지만, 부서진 블록 때문에 화나는 것은 참을 수 없다.

담임 선생님은 가람이에게 민서가 왜 속상했는지 상황을 설명해주었다. 가람이는 자기의 잘못을 알고 변명하지 않았다. 자신의 행동이 상대를 화나게 했다는 것에 공감한 것이다.

집에 가기 전, 가람이는 민서에게 '열심히 만들어 놓은 작품을 쓰러트린 것'에 대해 분명하게 사과하였고, 민서의 억울함도 풀렸다.

아이들이 놀이하다 보면 자신의 의도와는 다른 결과가 생길 수 있다. 아이들은 단순하다. 자기 때문에 친구가 화났다는 것을 알게 되면, 가람이처럼 인정하며 바로 사과한다.

역지사지 하브루타는 상대방의 입장으로 생각하게 하는 것이다. 그러면 친구 기분이 안 좋은 이유를 바로 알아차릴 수 있다. 아이들도 자기 수준에 맞는 역지사지가 가능하다. 물론 아이들이 항상 그렇게 생각하고 행동할 수 있는 것은 아니다.

가람이는 담임 선생님의 생각처럼 막무가내 행동과 자기 변명만 하는 아이는 아니다. 가람이에게도 생각이 있다. 친구의 마음에 공감할 줄도 안다. 하지만 여전히 생각보다 몸이 먼저 움직이는 아이다.

아이들은 공감해주길 원한다. 어른들의 추측으로 '아마 그럴 거야'라고 판단하는 건 위험한 일이다. 억울한 일을 당한 것은 아이에게 중요하다. 그런데 바쁜 일상을 핑계로 억울함을 풀어주지 않으면, 아이에게는 마음의 상처로 남을 것이 뻔하다.

어른들에게는 별거 아닌 일이라 생각되어도, 아이들의 감정을 바로 해결하지 않으면 상처가 되어 차곡차곡 쌓인다. 트라우마는 충격적인 사건을 겪음으로 생기지만, 장기간 반복적인 상처가 쌓여 형성될 수도 있다는 것이 나의 생각이다.

하브루타 대화는 이런 위험을 줄여준다. 아이들과 의사소통이 된다. 유아와 공감함으로 문제가 자연스럽게 해결된다.

공감(empathy)이란 타인의 입장이 되어 마음을 이해한다는 것이다. 타인을 머리로 이해하는 것과 마음으로 이해하는 것은 의미가 다르다. 사람에게서 이성과 감성을 엄밀히 구분하여 말할 수는 없지만, 유아와의 공감은 후자의 의미가 강하다.

공감능력은 타인의 말이나 행동 의도를 제대로 아는 것이다. 실제로 공감의식이 확장되는 시기는 생후 18개월에서 2년 반 정도 지났을 때다. 이때쯤이면 아이들은 자신과 남을 구분하기 시작한다. 다른 아이가 겪는 일을 자신의 일처럼 생각한다. 남의 슬픔이나 아픔을 느끼고 위로하려는 마음의 반응을 보인다. 아기가 남을 자신과 다른 존재로 인식하기 때문이다.

어떤 연구에 따르면, 두 살 정도가 되면 다른 아이가 고통받고 있는 광경을 보았을 때, 덩달아 불편한 표정을 지으며 다가가 장난감을 건네거나 토닥여주거나 자기 엄마에게 데리고 가서 달래주도록 하는 경우가 많다고 한다.

이럴 때 엄마가 아이의 공감에 어떤 반응을 보이느냐가 중요하다. 다른 아이를 돌봐주는 행동으로 아이의 감정에 공감해주어야 한다.

공감의식도 성장한다. 공감의식이 어린 시절에서 청소년기를 거쳐 성인이 될 때까지 어느 정도 개발되고 확장되고 심화할 수 있는가 하는 문제는, 부모가 아이에게 어떻게 행동하는가에 대해 달려 있다.

아이들을 어른의 기준으로 판단하려 하거나, 어른의 논리로 이해시키려 노력하다 보면 잘못된 관계를 형성하기 쉽다. 아이들과는 마음으로 소통하는 것이 중요하기 때문이다. 가장 우선시 되어야 할 것은 논리가 아니라 아이의 마음을 공감하는 일이다.

◆

공감이란 머리가 아니라 마음이다.

02

공감이 없으면 하브루타 대화도 없다

하준이가 또 친구한테 장난감을 던진 모양이다. 교사는 화가 잔뜩 난 표정으로 팔짱을 끼고 서 있고, 아이는 복도 바닥에 엎드려 통곡하고 있다.

담임 선생님에게 무슨 일인지 묻자 "하준이 때문에 너무 힘들어요"라고 말 한마디 던지고 교실로 휙 들어가 버렸다.

순간, 하준이의 속마음을 알고 싶은 호기심이 꿈틀거린다. 왜 장난감을 던졌을까? 자기가 잘못해 놓고, 무슨 일로 화가 났을까?

울고 있는 아이에게 무어라 말을 걸어야 하나 잠시 고민하게 된다. 아이에게 부드럽게 다가가야 마음을 털어놓는다. 아이의 마음을 알아야 해결 방법을 찾을 수 있다.

하준이는 자기 감정을 행동으로 표현한다. 친구와 잘 놀다가도 뭔가 마음에 들지 않으면 손에 잡히는 것을 마구 집어던진다. 다음은 뻔한 시나리오다. 교사나 부모에게 혼나고, 아이가 우는 것으로 마무리된다.

아이가 운다고 문제가 해결될까. 아무도 하준이의 마음을 알아주지도 만져주지도 않았다. 하준이에게 감정을 추스르는 방법을 알려주지도 않았다. 친구와 소통하는 방법도 배우지 못했다. 잘못이 무엇인지 깨닫지도 못했다.

처음부터 '장난감 던지는 행동은 용서할 수 없다'라고 하거나 '제대로 혼을 내서 버릇을 고치겠다'라는 생각으로 다가가지 말자. '하준이는 그런 아이'라고 단정하고 마음을 알려고 하지도 않은 것이 문제이다. 버릇이 나쁜 아이라고 단정하면 대화하기 어렵고, 속마음을 알 수도 없게 된다.

자기 생각이 존중받고 있다는 느낌을 받아야 아이는 마음으로 소통한다. 자신의 우발적인 행동이 잘못이라는 것을 스스로 깨닫게 해야 한다. 생각의 옳고 그름을 판단하는 것은 나중 일이다.

"하준아, 선생님께 혼나서 속상하지. 어쩌다 혼났어?"

"내가 같이 놀자고 했는데, 친구가 나랑 놀아주지 않았어요."

"아하. 그래서 친구에게 장난감을 던졌구나."

"네."

"친구랑 놀고 싶을 땐 어떻게 해야 하는데?"

하준이는 머뭇거리다가 기어들어 가는 목소리로 대답했다.

"놀자고 말로 해요."

"아마 친구도 뭔가 다른 걸 하고 있었을 거야. 우리 같이 친구한테 가서 다시 말해 볼래?"

하준이는 장난감을 정리하고 있는 친구에게 다가가서 말을 건넸다.

"친구야 미안해. 나는 너랑 같이 놀고 싶어서 그랬어. 담에 나랑 같이 놀자."

아이들의 변신을 보면 기특하다. 잘못된 행동을 멈추고 친구에게 말을 걸었다. 사과도 빼놓지 않았다.

아이들이라고 그냥 이랬다저랬다 하지는 않는다. 아이들이 어떤 행동을 하는 데는 그만한 이유가 있다. 자기가 장난감을 던지면 친구가 놀아주지 않는다는 것을 알았다.

아이들이 아무것도 모르는 것 같지만, 어른들의 기대 이상으로 이해가 빠르다. 잘못을 깨달으면 곧바로 실천에 옮긴다. 어른들이 따라하기 어려운 아이들의 장점이다.

아이들은 자기 마음대로 되지 않으면 티격태격 다투기도 하지만, 스스로 조정하는 법도 배운다. 매일 교실 안에서도 아이들은 사회성을 높이기 위해 노력한다. 철학자 아리스토텔레스가 '인간은 사회적인 동물'이라고 말한 이유를 알 것 같다.

공감은 이해하는 것을 뛰어넘어 감정으로 소통하는 것이다. 먼저 부모, 교사가 아이들을 사랑으로 감싸주어야 한다. 아이들의 마음에 공감하려는 노력이 있어야 한다.

하지만 단 한 번의 공감으로 아이들이 쉽게 변화되지 않는다는 것도 알아야 한다. 꾸준한 노력으로 지속적인 신뢰 관계가 형성되어야 아이들과 자연스럽게 소통할 수 있다. 아이들이 공감해야 행동의 변화도 기대할 수 있다.

이스라엘 사람들은 태교부터 하브루타를 한다. 뱃속에 있는 아기에게 사랑의 감정을 전하고, 하루의 일과들을 이야기로 들려준다. 아기는 뱃속에서부터 엄마와 교감하며 소통하는 법을 배우게 된다. 갓 태어난 아기에게도 끊임없이 이야기하며 눈을 맞춘다. 엄마의 음성을 통해 감정을 나누는 것이다. 부모의 감정은 말소리나 행동을 통해 아이에게 고스란히 전달된다.

공감하기 위해서는 부모, 교사가 먼저 아이의 감정을 알아차려야 한다. 울고 있는 아이의 감정은 누구보다 엄마가 잘 안다. 배가 고파서 울고 있는지, 기저귀를 갈아달라고 하는지 울음으로 표현한다. 울고 있는 아이에게 울지 말라고 말하는 것은, 자기만의 방법으로 의사를 표현하고 있는 아이의 말문을 막는 일이다.

교실에서 아이들의 감정을 살피는 일은 교사의 몫이다. 아이가 울고 있을 때는 이유를 묻기 전에 먼저 아이의 감정부터 읽어야 한다.

가정에서 부모와 감정으로 소통하던 아이들은 교사에게도 자기 생각을 감정으로 전달한다. 울음이나 웃음, 표정이나 몸짓도 아이들의 감정 언어이다.

교사가 아이의 감정을 읽어주기만 해도 아이는 불편한 일들에 대해 스스로 해결 방법을 찾는다. 감정으로 나타나는 아이의 속마음을 알기 위해 노력하라.

아이의 감정을 살피는 방법으로 하브루타 대화를 활용할 수 있다. 때로는 대화 내용보다 감정을 살피는 데 집중할 필요가 있다.

하브루타 대화는 아이와 눈을 맞추는 데서 출발한다. 아이의 눈빛을 보면 감정을 읽을 수 있다.

처음에는 아이들이 엄마의 눈을 피한다. 눈맞춤도 연습이 필요하다. 아이들을 이해하려는 마음으로 눈빛을 교환해야 한다. 아이들과 친해지면 눈빛 교환으로도 공감이 된다.

마음으로 다가가지 않으면, 아이들은 진짜 공감하려는지 아닌지를 바로 알아차리고 마음을 닫는다. 감정이 이해보다 빠르다.

아이와 공감하지 못하면 하브루타도 무의미하다. 부모도 교사도 아이들을 존중하는 마음으로 접근해야 한다. 아이들이라고 차별하지 말고 어른을 대하듯 인격적으로 대하라. 어른들의 마음이 변해야 아이들도 변한다.

변화의 기적은 눈빛을 바라보고, 감정을 읽어주는 것으로 시작된다.

03

공감은 아이를 성장하게 하는 디딤돌이다

'우리 아이가 달라졌어요'라는 행동 교정 프로그램이 TV에서 방영된 적이 있다.

부부가 함께 식당을 운영하면서 바쁜 시간을 쪼개 아이를 돌보고 있었다. 육아를 제대로 한다는 것이 쉽지 않은 상황이다. 손님들로 분주한 시간, 아이는 자기 요구를 들어주지 않자 부모에게 욕설을 내뱉었다. 부모는 아이의 감정적 행동에 당황하여 솔루션을 신청했다.

솔루션에 참여한 교수는 아이의 행동 교정을 위한 대응 방법을 알려주었다. 기술적인 방법을 그대로 적용하자 놀랍게 아이는 욕설을 멈추었다.

나는 이 프로그램을 보면서 의문이 남았다. 기계적인 솔루션을 통해 아이의 행동은 분명히 달라졌다. 그런데 행동이 교정되어도 마음의 상처까지 지워지지는 않는다. 그 아이의 마음에 고스란히 남아있는 상처는 어떻게 해야 할까?

행동 교정에 앞서 아이의 말에 귀 기울여주어야 한다. 아이의 감정을 먼저 살펴보았다면, 잘못된 행동의 교정뿐만 아니라 마음까지도 치유할 수 있지 않았을까.

어느 날 할머니와 손자가 함께 산책하고 있었다. 내리막길을 뛰어 내려가던 아이가 넘어졌다. 아이가 넘어져서 울고 있는데, 우는 아이를 일으켜 세우고 무릎을 털어주며 할머니가 이렇게 말했다.

"뛰지 말랬지. 뛰면 넘어진다고 했잖아."

"거봐 넘어지니깐 아프지?"

"다음부터는 뛰지 마라."

사소한 일인데 지시한 내용을 깨우치고, 결과를 알려주고, 앞으로 할 일까지 지적해준다. 아이도 아는 내용이다. 틀린 말은 없지만, 아프다는 느낌 외에 별다른 생각을 하지 못하는 아이에게 어떤 효과가 있을까.

우는 아이에게 당장 필요한 것은 아프겠다고 위로하며 먼저 마음을 만져주는 것이다. 할머니의 말은 아이의 마음을 알아주기보다는 지시에 따르지 않아 그렇게 되었다는 비난처럼 들린다.

아이는 아직도 아프다. 울음을 그치지 않고 계속 울었다. 아이와 대화하려면 먼저 아픔에 대해 공감해주어야 한다.

"넘어져서 아프지." "기분이 좋아서 뛰었구나."

할머니가 이런 말 한마디만 건네주었더라도 아이는 금방 울음을 그쳤을 것이다. 물론 넘어진 아픔이 쉽게 가시지는 않겠지만, 꾹 참고 자기 감정을 이야기하고 싶은 것이다. 자기 생각에 공감해주면 아이는 마음의 안정을 찾는다.

아이들의 일상 생활을 생각해보자. 매일 부모로부터 교사로부터 쉬지 않고 지시나 명령을 받는다. '인사해라, 뛰지 마라, 빨리 옷 입어라, 늦지 않게 학교 가라, 손 깨끗이 씻어라, 밥 먹어라, 놀지 말고 숙제 먼저 해라, 양치질해라, 자기 물건 정리해라, 일찍 일어나라….' 등 그야말로 말 폭탄에 가깝다.

어른들은 정해진 규칙대로 행동해야 안정감이 있다. '이럴 때는 이렇게'라는 규칙은 어른들이 평생 반복해 온 습관이다. 부모, 교사들은 그런 규칙을 만들어 놓고 아이들에게 지키도록 요구한다. 아이들도 규칙적으로 행동해야 편할 것이라 생각하기 때문이다.

아이들은 매 순간 정해진 규칙에 따르기가 너무 힘들다. 규칙이 너무 많아 일일이 기억하기도 어렵다. 가끔 아이들이 이해할 수 없는 규칙도 있다. 규칙에 따르지 않으면 제멋대로 행동한다고 혼날 수도 있다.

"똑바로 해! 아직 그것도 못 해?"

"넌 언제 사람이 될래?"

알아서 스스로 준비하면 아이들이 아니다. 그래서 끊임없이 잔소리를 듣게 된다. 하루 종일 계속되는 지시와 명령에 지친다. 어른들의 입장으로는 반복되는 지시에도 고쳐지지 않으니 짜증 내고 막말도 하게 된다.

아이들이 쉽사리 변하지 않는 이유는 무엇일까?

어떤 행동을 할 때 아이들에게도 자기 주장이 있다. 어른의 기준으로 보면 아이의 생각과 행동이 마음에 들지 않는다. 아이의 눈높이를 이해하지 못하기 때문이다.

다른 시각으로 보라. 아이들이 얼마나 창의적인가. 어른들이 답답해하는 것처럼 아이들도 답답하다.

계속 지적하고 잔소리하는 것만으로 아이들의 행동을 바꿀 수는 없다. 어른이 강요하면 이해하지 못하더라도 마지못해 움직인다. 갑자기 아이의 행동이 달라졌다면 부모가 보는 데서만 똑바로 행동하는 건 아닌지 살펴보아야 한다.

유치원에 와서 '우리 아이는 그런 행동 하지 않아요'라고 말하는 부모들이 있다. 자녀의 이중적인 모습을 이해하지 못하는 경우이다. 행동의 변화는 쉽게 이루어지지는 않는다.

아이의 습관을 바꾸고 싶은가. 어른의 말을 아이가 공감해야 한다. 아이들도 마음이 움직여야 생각을 바꾸고 스스로 실천하려고 한다. 아이들 행동에 잘못이 있다면 그 이유를 깨닫고 인정해야 비로소 자발적으로 행동한다.

조금씩이라도 아이들의 행동을 변화시킬 방법은 무엇일까?

첫째, 먼저 아이들의 말에 귀 기울이고 마음으로 들어주어야 한다.

아이의 행동이 변화되길 원한다면 지시나 명령보다 아이의 말에 귀 기울여주는 것부터 시작해야 한다.

아이들은 자신의 감정 상태를 읽어주면 자신의 이야기를 자연스럽게 꺼낸다. 실수하거나 규칙을 지키지 않았다고 혼내거나 창피를 준다면 아이들은 불안해할 것이다. 아이 스스로 실수를 알고 자기 잘못을 인정할 때 문제를 해결하려는 힘이 생긴다.

존 가트맨(John Gottman)의 유아 공감 5가지

1. 아이의 감정 인식하기.
2. 아이의 감정이 격해지는 순간을 친밀감 조성과 교육의 기회로 삼기.
3. 아이의 감정이 타당함을 인정하고 공감하며 경청하기.
4. 아이가 자기 감정을 표현하도록 도와주기.
5. 아이가 스스로 문제를 해결하도록 이끌면서 행동에 한계를 정해주기.

공감하려면 부모가 자녀를 있는 그대로 이해하려는 노력이 필요하다. 그래야 자녀가 부모의 지지를 받고 있다고 느끼게 된다.

아이들은 자기의 감정을 알아주는 것만으로도 스스로 반성하며 행동의 변화를 보이려 노력한다.

둘째, 아이의 행동을 바꾸기 위해서는 어른들의 생각과 행동부터 바꾸어야 한다.

아이와 공감하려면 먼저 부모의 감정이 어디서부터 오는 것인지 살펴볼 필요가 있다. 나의 감정이 아이와 관련이 있는 것인지 분명하게 살펴보아야 한다. 만약 아이의 행동과 관련 없는 별개의 감정이라고 판단되면, 자신의 감정을 다스리는 방법부터 실천해야 한다.

바쁜 일상에 쫓기며 육아를 하다 보면 아이의 마음을 놓치기 일쑤다. 시간이 급하다 보니 기다려주지 못하고, 부모의 마음이 편하지 않으니 감정이 먼저 밖으로 표출된다. 아이의 감정에 공감하기 위해서는 인내심이 필요하다.

아이들은 감정의 기복이 심하고 감정 표현이 서툴다. 그런데 부모가 감정을 다스리지 못한다면 아이와 공감하기 힘든 상황으로 흘러가기 쉽다. 아이의 마음에 공감하기 위해서 부모가 먼저 변해야 하는 이유이다.

셋째, 아이가 어떻게 행동해야 할 것인지 선택할 수 있도록 명확한 기준을 알려주어야 한다.

규칙이나 기준은 아이와 의논해서 정하자. 지킬 수 있는 약속을 해야 한다. 꼭 실천해야 하는 것과 하지 말아야 할 행동에 대한 이유부터 공감하도록 하브루타를 하라.

아이도 합리적인 선택을 할 수 있다. 아이 스스로 좋은 방안을 찾도록 하라. 생각할 시간을 주고 스스로 대안을 선택하게 한다. 자신의 습관을 바꾸려고 노력할 것이다.

아이에게 일방적인 지시나 명령을 멈추자. 아이의 행동을 상이나 벌로 수정할 수 있다는 생각을 말자. 부모가 강압적으로 대하면 아이는 상황에 따른 반응을 준비하거나, 상황만 모면하려는 행동을 보이게 된다.

아이의 근본적인 변화를 기대하는가. 먼저 하브루타를 통해 아이의 마음에 공감해주어야 한다. 어른에게 공감받았다는 사실만으로도 아이는 지시와 명령을 더 이상 잔소리로 여기지 않는다. 아이 스스로 옳다고 생각하며 마음으로 인정해야 행동의 변화를 가져온다.

◆

공감은 아이들이 자신의 행동을 스스로 바꿀 기회를 준다.

04

놀이를 통해 공감능력을 키워주세요

우리 유치원에는 5세, 6세, 7세반이 있다. 거의 매일, 수백 명이나 되는 아이들 가운데 몇 명 정도는 울면서 등원한다.

5세반에는 유치원에 오기 싫다고 우는 아이가 있다. 엄마는 아이의 말을 다 들어줄 수 없다며 단호하고 무서운 눈빛으로 아이를 제어한 후, 등을 떠밀어 교실에 데려다주고 도망치듯 가버린다. 그런데 혼자 남겨진 아이는 채 1분도 지나지 않아 아무렇지도 않게 놀이를 시작한다.

6세반에는 낯설음을 두려워하는 아이가 있다. 이 아이는 3남매 중 막내로 새로운 환경에 익숙하지 않고, 언제나 사랑에 목마른 모양이다. 엄마는 유치원 버스를 태워 보내면 아이가 유치원에 적응하지 못할까 걱정된다며, 매일 꽤 먼 거리를 손잡고 걸어서 등원시킨다. 일단 유치원에 오면 엄마를 잊고 놀이에 집중한다.

7세반에는 엄마와 헤어지는 것이 슬픈 아이가 있다. 귀가할 때도 수업 마치기를 기다렸다가 직접 아이를 데려가는데 도대체 무슨 문제로 그러는지 모르겠다며 속상해한다. 유치원에서는 '점심 반찬 중에서 김치를 싫어하는 것' 말고 다른 문제는 없다. 유치원에서 다른 아이들과 어울려 놀이를 즐기는데 아무런 어려움이 없다.

엄마들은 아이가 유치원에 가기 싫어하면 일단 '가정이 아니고' 유치원 문제라고 의심한다. 친구와의 문제가 있는지, 밥 먹기 싫어서인지, 선생님과의 관계가 안 좋은지 걱정스러운 마음으로 바라본다.

아이들이 등원하기 싫어하거나 우는 데는 그럴 만한 이유가 있다. 아이들이 '그냥'이라 대답하더라도 무어라 표현하지 못하는 '감정적인' 문제가 있다. 아이의 마음에 공감하는 부모라면 그 이유를 알 수 있다.

태어나서부터 3세까지는 부모와 자녀 사이에 애착 관계가 형성되는 시기이다. 이 시기의 양육 태도에 문제가 생기면 아이들이 분리 불안을 느낄 수 있다. 엄마들이 주 양육자로서 아이들에게 어떻게 반응하고 공감했는지 돌아볼 필요가 있다.

"엄마는 아이의 진짜 속마음을 알고 있을까?"

"부모들은 아이와 눈을 마주 보며 공감하고 있을까?"

유치원에 등원할 때마다 어려움을 겪는 아이들이 놀이에 집중하는 모습을 보면, 큰 문제는 없어 보인다.

아이들이 자기 의견을 무시하고 부모가 강제로 유치원에 보낸다고 생각하면 흥미를 느끼지 못할 수도 있다. 부모와 떨어지기 싫어하는 자녀들의 마음을 공감하고, 신뢰를 쌓음으로써 불안을 느끼는 원인이 해소되도록 노력해야 한다.

유치원에 가기 싫어하는 이유를 알려면, 먼저 아이의 마음부터 공감하라. 아이의 이야기를 먼저 들어주고, 아이의 말과 행동에 숨겨진 의미를 찾아야 한다.

그렇다고 아이의 요구를 그대로 들어줄 수는 없다. 하브루타를 통해 아이가 느끼는 감정이 무엇인지 알고, 아이의 의견에 존중하는 태도를 보여주어야 한다.

유치원에 다녀야 하는 이유를 친절하게 설명해주자. 유치원에는 아이들이 좋아하는 것도 많다. 지레짐작으로 이유를 설명해도 이해하지 못할 것이라는 생각은 하지 말자. 아이들은 설명이 아니라 엄마의 태도를 보고 감정으로 이해한다.

아이들과의 신뢰 관계가 형성되어야 분리 불안이 사라질 수 있다. 엄마가 눈앞에 보이지 않아도 가까이 있다고 느껴야 한다. 유치원에 혼자 남겨두는 것이 아니라 아이들과 어울려 놀이할 시간을 주는 것이다. 아이들이 어떻게 생각하느냐는 문제이다.

아이들과의 관계가 좋아지기 위한 가장 좋은 처방은 함께 어울려 놀이하는 것이다. 짧은 시간이라도 자주 자녀와 함께 놀이하며 상호작용을 통해 공감하면, 부모와 자녀 사이의 웬만한 문제는 쉽게 해결된다.

아이들끼리 어울려 놀이할 기회도 주어야 한다. 부모들은 아이들끼리 놀면 다툼이 일어날 것을 걱정하거나, 서로 어울려 놀이를 잘하지 못할 것이라 오해한다. 어른들 기준으로 아이들이 각자 놀고 있는 모습을 보면 서로 싫어해 함께 놀지 않는다고 생각한다.

아이들도 단독놀이, 평행놀이, 연합놀이, 협동놀이 등 나이에 따라 놀이 방법이 발전한다. 아이들은 어른과 함께 놀이하더라도 협력하여 임무를 완수할 줄 안다. 부모는 아이들을 믿고 스스로 놀이를 구성하도록 맡겨야 한다.

생후 24개월을 넘어서면 아이들은 각자의 놀잇감에 관심을 보인다. 처음에는 평행 놀이보다 단독놀이를 좋아한다. 함께 어울려 놀지 못하거나 다른 아이에게 무관심한 것이 아니다. 이미 상상 속에서 다른 아이와의 놀이를 생각한다.

아이들은 각자 놀이를 하고 있어도 친구가 옆에서 놀이하고 있으면 함께 어울려 놀이하는 것으로 생각한다. 다른 아이 옆에서 친구를 관찰하며 따라하기도 한다. 평행놀이를 하다가 천천히 연합놀이, 협동놀이로 발전하는 모습을 보인다.

교육학자 밀드레드 파튼(Mildred Parten)이 제시한 놀이의 발달 단계에서도 나이에 따라 다른 놀이 방법을 활용하고 있음을 보여준다.

생후 36개월 지난 아이들의 놀이를 관찰했다. 두 아이에게 세발자전거 한 대를 주면서 함께 놀도록 하였다. 서로 운전석에 먼저 타려고 가벼운 실랑이가 벌어졌다.

부모가 '끼어들어' 두 명이 함께 운전석에 탈 수 없으니 한 사람이 먼저 타고 나중에 서로 바꾸어 타면 된다는 어른들의 규칙을 알려주었다. 한 아이는 앞에 타고 한 아이는 뒤에 타도록 했다.

밀드레드 파튼이 제시한 놀이의 발달 단계

2세 : 평행놀이(parallel play)
친구의 행동을 관찰만 하고 함께 놀지는 않는다.

3세 : 연합놀이(associative play)
친구에게 관심을 가지고 함께 놀려고 한다.

4세 : 협동놀이(cooperative play)
공동 목표를 위해 역할을 분담하고 리더가 존재한다.

"누가 먼저 앞자리에 탈까?"

"내가 앞에 탈 거야. 네가 뒤에 타."

"왜? 왜 나만 뒤에 타는데?"

뒤에 타는 것이 싫었던 아이는 재빠르게 앞으로 가서 운전석의 친구 옆에 올라탔다. 다툼이 생길 것 같아 부모들이 긴장하고 있는데, 앞에 앉아 있던 아이는 친구를 밀어내지 않고 자리를 나누어 함께 앉았다. 조금 불편해보였지만 아랑곳하지 않았다.

그러다가 이번에는 서로 앞뒤를 바꾸어가며 타기도 하고, 번갈아 뒤에서 밀어주기도 하며 놀았다. 친구와 함께 노는 즐거움이 무엇인지 스스로 알아가고 있었다.

어른들은 앞에 한 명, 뒤에 한 명 타는 것이 질서 있고 재미있게 노는 방법이라 생각한다. 아이들에게는 앞에 둘, 뒤에 둘, 앞뒤로 한 명씩, 한 명은 타고 한 명은 밀어주는 것, 어떤 놀이라도 모두 재미있다. '함께 노는' 것이 즐겁다.

어른들 마음대로 아이들의 놀이를 결정하면 안 된다. 제발 아이들 놀이에 규칙을 정해주지 말자. 아이들은 부모의 태도와 관계없이 스스로 놀이를 확장하는 것을 볼 수 있다. 놀이의 상호작용을 통해 아이들은 소통 능력과 사회성을 기른다.

부모와 자녀들이 놀이를 통해 공감하면, 아이들은 아침마다 엄마와 떨어지는 것이 두렵거나 어렵지 않다. 유치원에 가면 친구들과 즐겁게 놀이하면 된다. 엄마와 노는 것도 친구와 노는 것도 모두 재미있다. 친구와 헤어지면 엄마가 기다리고 있다.

아이와 소통하는 좋은 방법은 아이들의 놀이에 참여하는 것이다. '놀아주기'가 아니라 대등한 관계로 놀이하라. 놀이를 통해 아이의 마음에 공감할 수 있으며, 놀이로 공감받은 아이가 부모를 신뢰하게 된다. 아이들은 부모의 사회성과 공감능력을 배운다. 소통과 공감의 지혜는 놀이에 있다.

◆

아이와 놀이로 공감하면 최고의 부모가 된다.

05

아이의 수치심, 공감으로 어루만져주세요

지훈이 엄마가 전화로 원장님을 찾았다. 가끔 있는 일이지만 부모들이 원장이나 원감을 찾는 이유는 뻔하다. 뭔가 따지고 싶은 것이다.

결석한 지훈이 엄마와 오후에 상담하기로 약속했다. 이유를 물어도 만나서 이야기하고 싶다며 대답을 미뤘다.

언제 터질지 모르는 시한폭탄 같은 문제라서 마음이 착잡하다. 심각한 일일 것이라는 예감이 들자 가슴이 콩닥거린다. 오전 내내 마음이 쓰였는데, 지훈이를 친구네 집에 맡겨두고 혼자 상담하러 오셨다. 자리에 앉기도 전에 다짜고짜 CCTV부터 찾는다.

"지훈이에게 무슨 일 있었나요?"

"태권도 시간에 선생님이 앞으로 나오라고 해서 손바닥을 때리려고 하셨대요."

"무엇 때문에 그랬을까요?"

"이유는 모르겠지만, 손바닥을 내밀었다가 맞을까봐 치웠더니 다시 내밀라 하고, 내밀었다 또 피하자 그냥 들어가라고 하셨대요."

"많이 놀라셨겠네요. 왜 그랬을까요?"

"자기가 말을 안 들어서 그런 거 같다고 하더라구요."

"또 다른 말은 없었나요?"

"유치원에 가기 싫다고 했어요."

CCTV를 돌려 상황을 살펴보았다. 반복 확인해도 문제가 될만한 상황은 보이지 않았다. 사건의 실마리를 찾기 위해, 태권도 선생님에게 수업 중 지훈이와 어떤 일이 있었는지를 물었다. 다행히 그 일에 대해 정확하게 기억하고 있었다.

태권도 수업을 받으러 아이들이 시끌벅적 떠들며 강당으로 들어오고 있었다. 복잡한 상황을 틈타 지훈이가 어떤 친구를 때렸다고 아이들이 고자질한 모양이다.

사실 확인이 어려운 상황이었다. 선생님은 임기응변으로 지훈이를 앞으로 나오라 해서 손바닥 때리기 게임을 하는 것으로 마무리하려고 했다. 지훈이가 맞을까봐 급하게 손바닥을 치우는 모습이 재미있었는지, 아이들이 깔깔거리고 지훈이도 따라 웃으며 별스럽지 않게 지나쳤다고 했다.

속으로 다행이라는 생각이 앞섰다. 일단 큰 문제가 없었다는 사실을 확인했기 때문이다.

하지만 선생님과 아이들은 웃고 지나쳤어도 지훈이가 수치심을 느꼈을 것이라는 생각을 지울 수 없었다. 다른 아이들에게는 장난처럼 보였지만, 지훈이에게는 상처로 남았을 것이다.

지훈이가 유치원에 가기 싫다고 말했을 때, 엄마는 이 상황에 지혜롭게 대처했다. 먼저 엄마는 지훈이의 하소연을 들어주었다. '친구들 앞에서 그런 일이 생겨서 정말 속상했겠다'라고 공감해주었다.

정확한 상황 파악을 위해 유치원을 방문할 때도 아이가 상처받지 않도록 데려오지 않았다. 엄마의 예리한 공감이 없었다면 지훈이의 부끄러운 마음을 풀어주기 어려웠을 것이다.

태권도 선생님이 지훈이와 손바닥 때리기 '게임'을 한 건 맞다. 지훈이는 어른이 자기 손을 때리려는 것으로 생각하고, 엄마에게 그렇게 말해서 오해가 생긴 것이다.

엄마의 생각은 달랐다. 아이가 '유치원에 가기 싫어서 거짓말하는 게 아닌가'라는 생각이 들어 걱정했다고 한다. 그래도 아이의 말을 믿어주고, 정확한 상황을 파악하려 한 것은 본받을 만하다.

지훈이 마음에 수치심이 남지 않도록 오해를 풀어주어야 할 것 같았다.

"지훈아, 태권도 시간에 선생님이 앞으로 나오라고 했을 때 어땠어?"

"기분 좋지 않았어요."

"왜 그렇게 생각했어?"

"내가 일부러 그런 게 아닌데, 친구들이 선생님한테 일러바쳤어요."

"친구들이 보는 앞에서 손을 내밀었을 때 어떤 기분이 들었어?"

"친구들이 모두 저를 쳐다보고 있어서 창피했어요."

"선생님께 하기 싫다고 말씀드리지 그랬어?"

"친구들이 겁쟁이라고 웃을 거 같아 무서웠어요."

이와 비슷한 일은 우리 주변에서 쉽게 일어난다. 어른들의 무분별한 장난이 아이에게는 상처가 된다. 지훈이가 장난꾸러기라고는 하지만 친구들이 쳐다보는 데서 공개적으로 창피당했다고 생각한 것이다. 친구들의 시선을 의식한 순간 수치심이 생겼다.

태권도 선생님에게 이런 상황을 알렸다. 선생님은 '네가 장난을 좋아해서 게임을 하기는 했지만 혼내려 한 것이 아니다'라고 지훈이에게 직접 사과하였다. 아무리 웃고 지나칠 만한 활동이라도 특정한 아이에게 수치심을 주는 행동은 하지 말아야 한다.

수치심을 연구한 심리학자 브레네 브라운(Brene Brown)은 수치심이란 '단절에 대한 공포'라고 말한다. 사람들과의 관계가 끊어졌을 때 받게 되는 고통스러운 정서를 가리키는 말이다.

내가 원하지 않는 상황이 발생되었거나 좋지 않은 일로 비교의 대상이 되면 마음의 상처를 받는다. 수치심은 자신이 다른 사람으로부터 인정받지 못한다는 생각이 들게 한다. 다른 사람의 시선을 의식할수록 수치심을 강하게 느낀다. 사람들이 수치심을 강하게 느끼면 행동이 위축되거나 자존감이 떨어질 수 있다.

아이들이 수치심을 느끼는 경우를 정리해보면 다음과 같다.

첫째, 내성적이고 예민한 아이가 수치심을 강하게 느끼는 경향이 있다.

지훈이는 엄마의 지지에도 불구하고 자신의 잘못이라 생각하며 수치심을 느꼈다. 다른 아이들이 대수롭지 않게 생각한 것과는 대조적이다.

부모의 과잉보호는 아이들을 민감하게 만들 수 있다. 민감한 아이들이 다른 사람들의 시선을 지나치게 의식한다. 타인의 시선을 의식하다 보면 수치심이 생기게 된다.

둘째, 공개적으로 벌을 주면 아이들은 큰 수치심을 갖게 된다.

다른 아이들에게 영향을 주려는 의도에서 공개적으로 벌을 주는 것은 씻기 어려운 상처를 남긴다. 더욱이 어른이 화를 내고 있거나 감정적으로 자신을 대한다는 생각이 들게 되면, 아이들은 자신의 잘못과 상관없이 마음의 상처를 받는다.

아이들의 감정이 상하면 스스로 잘못을 깨달을 기회도 사라진다. 먼저 아이들의 감정을 읽어주면서 잘못을 인정할 수 있도록 진지한 대화가 필요하다.

셋째, 욕설을 퍼붓거나 심한 말로 몰아세우면 아이들은 크게 수치심을 느낀다.

보통 이런 경우 아이들에게 변명할 기회도 주지 않고 다그친다. 아이들이 잘못을 깨달을 틈도 없이 마구 나무라면 '나는 잘못된 사람'이라는 낙인을 찍을 수 있다.

아이들은 항상 실수할 수 있다. 아이들의 실수를 깨닫게 할 목적으로 '잘못했어요'라는 답을 유도하지 말자. 아이들에게 실수를 바로잡을 기회를 주자.

잘못한 아이에게 필요한 것이 바로 하브루타 대화이다. 스스로 잘못을 깨닫는 것도 중요하지만, 수치심이 상처로 남지 않도록 해결해주어야 한다.

한편, 사람이 반드시 가져야 할 수치심도 있다. 일반적인 수치심은 '다른 사람이 나를 어떻게 볼까?'라는 단순 비교 심리에 의해 생긴다. 맹자의 수오지심(羞惡之心)은 자기 양심에 비추어 부끄러워할 줄 아는 사람이 되라고 가르친다. 진정한 부끄러움이 무엇인지 아는 아이로 기르려면, 스스로 잘못이 무엇인지 깨닫도록 도와주어야 한다.

수치심은 사람끼리만 주고받는 감정이다. 평범한 상황에서도 수치심을 느낄 수 있다. 다른 사람들은 아무렇지 않게 생각하는 상황이라도, 내가 다른 사람의 시선을 의식하게 되면 수치심이 생겨난다.

마음속에 수치심이 자리 잡으면 아이들의 자존감은 낮아진다. 자존감이 낮아지면 수치심을 더 쉽게 느끼는 악순환이 이루어진다.

수치심이 아이들 마음 깊은 곳에 트라우마로 남는다면 평생을 자존감 없이 살아갈 수도 있다. 하브루타 대화는 아이들 마음의 수치심을 해결하고 자존감을 회복시켜 준다.

◆

하브루타 대화로 아이의 수치심을 해결해주어야 한다.

06
아이들은 공감능력이 낮을까?

아이들의 마음이 부모에게 전달되면 부모들 사이에 감정 싸움이 발생하기 쉽다. 내 자녀의 감정이 이입되는 순간, 아이의 일은 부모의 일이 된다. 부모가 아이들과 공감하고 문제의 원인을 정확하게 파악한다면 그런 일은 생기지 않을 것이다.

유리 엄마는 아이 말만 듣고, 소담이에게 서운한 감정을 갖고 있었다. 소담이가 유리를 놀리려고 일부러 '못생긴 그림'을 그려 주었다고 생각했다. 그 나이 또래의 남자아이들이 짓궂은 장난을 좋아한다는 생각도 한몫했다.

소담이 부모에게 연락해야 할 정도로 심각한 상황은 아니어서 부모들 사이의 다툼으로 확대되지는 않았다.

유리가 유치원에 가기 싫어한다는 전화를 받았다. 유리는 엄마 손에 이끌려 억지로 등원했다. 무슨 일이 있었는지 알고 싶어 유리와 마주보며 하브루타를 시작했다.

본격적인 상담에 들어가기 전 뾰로통해 있는 유리와 라포를 형성하기 위해 가벼운 질문을 던졌다.

"유리는 어떤 음료수 좋아해?"

"사과 주스요."

"오렌지 주스만 있는데, 이거라도 나누어 마실까?"

"네. 좋아요."

"그런데, 혹시 교실에서 속상한 일이 있었어?"

"내가 동그라미도 그리고, 눈도 코도 그리고, 그 옆에 하트도 그렸어요. 그런데 친구가 기분 나쁘다고 안 받아주고, 나한테 못생긴 그림을 그려주면서 나라고 말했어요."

속상하고 화가 난 말투로 이야기했다. 소담이가 유리에게 건네준 '못생긴 그림'이 문제였다. 못생긴 그림은 어떤 모습을 하고 있는지 궁금했다.

"정말 속상했겠다. 그런데, 소담이는 무엇이 싫어서 네 그림을 받지 않았을까?"

"모르겠어요."

"혹시 소담이가 유리를 좋아하는 건 아닐까? 너무 궁금하다."

"그런 것 같지 않아요."

"남자 친구들은 좋아하는 친구가 생기면 반대로 행동할 때가 있어. 관심을 받고 싶어 그럴 수도 있거든."

"정말요?"

소담이 마음을 알고 싶어, 못생긴 그림을 그려서 유리에게 준 이유를 물어보았다.

"유리가 준 그림이 못생겼고, 나를 여자처럼 곱슬머리로 그려서 기분이 나빴어요."

유리가 그린 그림을 직접 보지는 못했다. 소담이 머리는 꼬불꼬불 파마 스타일이다. 유리가 소담이 스타일을 있는 그대로 표현하려고 노력했던 것 같다. 소담이는 자기 머리가 '여자처럼' 보이는 것이 싫지만, 유리에게는 오히려 매력 포인트이다.

소담이는 유리가 그려준 그림이 마음에 들지 않았다. 자기도 보복한답시고 못생긴 그림을 그려 유리에게 준 것이다.

"아하! 유리가 너를 못생기게 그렸다고 생각했구나."

"네."

"유리는 정말 열심히 그렸대. 그리고 소담이를 좋아해서 그림을 선물로 준 거고. 그런데 소담이가 받지도 않고 화를 내서 엄청 속상했대."

무슨 말인지 몰라서 눈만 끔벅거린다. 6세 아이들은 공감능력이 부족하다. 아이들이 제대로 이해하지 못하면, 질문 방법을 바꾸어야 한다. 상대방 입장이 되어 생각하도록 질문해보았다.

"소담이가 좋아하는 친구에게 선물로 주려고 열심히 그림을 그렸는데, 못생겼다고 안 받으면 기분이 어떨 거 같아?"

"음…. 기분 나쁠 거 같아요."

소담이가 유리의 마음을 공감한 순간이었다. 유리 생각도 마찬가지였다. 두 아이는 서로의 생각에 공감하고, 서로의 감정을 전달하며 사과했다.

유리와 소담이가 서로 공감하고 화해한 이야기를 유리 엄마에게 전했다. 그때서야 엄마도 오해를 풀고 아이들의 속마음을 이해하게 되었다. 한편으로는 아이가 마음의 상처를 받지 않아 다행이라는 듯 안도의 한숨을 내쉬었다.

아이들은 어떻게 말을 해야 쉽게 이해할까? 아이들이 어떤 말을 들을 때 공감을 할까? 하브루타 대화는 이러한 상황에 꼭 맞는 해결 방법이다.

아이들의 공감을 이끌려면 다음과 같은 질문이 필요하다. 물론 질문을 던지기 전에 충분히 라포를 형성하여야 한다. 아이들과 라포를 형성하기 위해 많은 시간이 필요하지는 않다. 말 한마디, 물 한잔이라도 마음의 전달이 중요하다.

"누구와 친하게 지내고 싶을 때, 내가 할 수 있는 일은 무엇이 있을까?"

"상처받은 친구에게 내 마음을 어떻게 전달할 수 있을까?"

"다툰 친구와 사이가 좋아지기 위해 내가 할 수 있는 것은 무엇일까?"

아이들은 경험이 적어 상대방의 마음이나 행동을 이해하지 못한다. 하지만 적절한 질문으로 상대방의 입장에 서서 생각할 수 있도록 기회를 주면 의외로 쉽게 공감하는 모습을 볼 수 있다. 역지사지 하브루타이다. 상대방을 이해한다는 것은 친구가 왜 그런 행동을 했는지 의도를 알아차렸다는 것이다.

하버드대 펠릭스 워네킨 교수는 마음이론(theory of mind) 실험을 통해 아기들이 다른 사람의 의도를 알고 행동하는지 알아보았다. 교수가 두 손에 책을 들고 책장 앞으로 가서 문을 열지 못한 채 책장 문을 두드렸다. 그 소리를 들은 아기가 다가오더니 책장 문을 열려고 하였다.

또 다른 아기는 정리되지 않은 숟가락을 집어 수저통에 넣으려고 했으며, 흩어진 블록을 긴 파이프 통에 집어넣으려는 행동을 보여주기도 했다.

아기들이 18개월 정도만 성장하여도 어른의 의도를 알고 적극적으로 도와주려 한다는 것을 증명해보였다.

개인차는 있지만, 아기들이 공감의식을 확장하기 시작하는 시기는 18개월에서 24개월 정도라고 한다. 36개월 정도가 되면 거울 속 자신의 모습을 구분할 수 있다고 한다.

자기 자신과 남을 구별할 줄 알고, 다른 아이가 겪는 일을 자신의 일처럼 생각하며 위로하는 반응을 보이는 것은 남을 자신과 다른 존재로 인식할 수 있기 때문이다.

다른 연구들도 이와 유사하게 아이들의 공감능력 발달 과정을 보여준다.

공감능력은 아이들의 성장과 함께 지속적으로 개발되어야 한다. 아이들에게 적극적으로 공감하는 부모의 반응이 아이들의 공감능력을 높여줄 수 있다.

며칠 후 유치원 가을 소풍이 있었다. 은행잎이 노랗게 물든 소풍지에서 소담이와 유리가 손을 꼭 잡고 다니는 모습을 발견했다.

◆

아이들의 공감능력은 낮아 보여도 쉽게 공감할 수 있다.

하브루타는 교육 방법이 아니라 사랑과 관심이다

1세기경 이스라엘의 현자 호니는 사람들과의 친화력이 뛰어났다. 그는 "하브루타가 아니면 죽음을 달라"라는 유명한 말을 남겼다. 토라의 지혜를 바르게 습득할 수 있도록 도와주는 하브루타가 없는 세상에서 산다는 것은 상상할 수도 없다는 의미이다.

하브루타는 교육 방법이 아니라 이스라엘 사람의 삶 전체를 통해 형성된 학습 여정이다. 이스라엘 사람의 일생에 걸쳐 진행되는 삶의 문화적 배경에 하브루타가 있기 때문이다. 따라서 하브루타를 단순히 교육의 방법으로 받아들이는 것은, 참으로 안타깝고 어리석기까지 한 노릇이다.

하브루타는 삶이요, 일상의 문화가 되어야 한다. 그러나 우리나라 유아기부터 중 · 고등학교 학생에 이르기까지 하브루타라는 단어조차 소개되지 않는 실정이다. 이런 상황에서 하브루타 교육 방법을 제대로 적용할 수 있을까. 부분적인 성과는 있겠지만, 학생들이 갑작스레 적응하기란 만만치 않다.

하브루타의 교육 방법을 비교적 잘 응용하여 교육 현장에서 사용하고 있는 것이 협동학습(cooperative learning)이다. 하브루타와 함께 활용되는 소그룹 활동인 '하보라', 토론 내용을 전체 학생과 나누는 '쉬우르'를 닮았다.

협동학습은 학생 개개인의 책임과 상호 발전을 지향하는 교육 방법으로, 짝 토론이 아니라 몇 개의 그룹으로 나누어 서로 학습을 돕도록 한다.

우리나라에서는 일부 초 · 중학교에서 도입하여 사용하고 있다. 이것도 협동학습 경험이 없는 고등학교 수준의 학생들에게는 적용하기 어려운 실정이다.

하브루타는 태교로 시작되고 모든 생애에 걸쳐 이루어지는 삶의 양식이다. 하브루타는 유아기부터 자연스럽게 경험해야 한다. 하브루타는 의식주처럼 모든 일상에 적용할 수 있어야 한다. 그때 비로소 하브루타가 위력을 발휘한다. 이스라엘의 하브루타가 부러운 이유이다.

하브루타에 대한 이해를 돕기 위해, 우리가 따라잡기 힘든 이스라엘의 문화적 배경을 정리해본다.

이스라엘 사람의 정체성을 가장 분명하게 보여주는 것이 안식일이다. 십계명의 네 번째 명령으로 안식일을 지키지 않는 사람은 사형에 처할 만큼 엄격했다. 여호와의 명령으로 지키게 되었지만 전 세계에 흩어져 있던 이스라엘 사람을 하나로 통합한 것도 안식일이다. 그들은 '안식일이 이스라엘을 지켰다'라고 말한다. 극한의 어려운 환경에서도 목숨 걸고 지킨 계명이다.

안식일에는 당연한 것처럼 온 가족이 한자리에 모인다. 절대로 일을 하지 않는다. TV를 보거나 오락으로 시간을 보낼 수도 없다. 예배하는 시간 이외에는 식사를 하고 대화하며 시간을 보낸다.

매주 돌아오는 안식일을 토라나 탈무드 이야기만으로 보내기는 어렵다. 일주일에 한 번은 마치 의무처럼 하브루타가 이루어진다. 일주일 동안 있었던 깊은 이야기들을 나누게 된다. 가족들과 대화를 하는 문화는 일상 하브루타로 연결된다.

이스라엘 사람들의 대화는 진지하다. 대화하면서 상대방을 비난하지 않는다. 서로 다른 의견이라도 존중하고 상대방 의견을 무시하거나 자기 주장만을 내세우지 않는다. 진지하게 묻고 정직하게 대답하는 것이 당연하다. 농담이라도 거짓말을 하지 않는다.

탈무드에서 허용되는 하얀 거짓말이 있다. 이미 산 물건에 대해서는 나빠 보여도 훌륭하다고 말해야 하고, 친구가 결혼했을 때 배우자가 못생겨 보여도 멋진 사람과 결혼해서 행복하겠다고 말해주는 것이다. 정직과 배려의 균형, 하브루타의 기초는 이처럼 튼튼하다.

이와 같은 태도를 유지하지 않으면 대화를 지속할 수 없다. 어떤 말을 하더라도 수용할 수 있는 분위기가 조성되어야 한다. 그래야 자기 속마음을 털어놓고 대화하게 된다.

옳고 그름을 가리려 한다면 상대방에 대한 존중은 사라진다. 자기 주장을 관철하려 목소리가 커지고 말다툼으로 이어지게 된다. 옳고 그름이나 우월성을 따지지 않고, 토론과 논쟁을 통해 스스로 정당성을 확인한다.

농담을 유머로 착각하지 말아야 한다. 농담으로 거짓말하는 문화도 주의가 필요하다. 농담 때문에 상처받고, 다툼이 일어나기도 한다.

이스라엘의 정신적 배경은 쉐마와 토라 그리고 탈무드의 가르침으로 요약할 수 있다. 어려서부터 받아들인 굳건한 신앙이다. 동일한 신앙적 배경으로 진리를 바라보는 관점이 형성되어 있다.

신앙은 관습이나 문화 이상의 판단 기준이며 삶의 토대이다. 유대인이 되는 조건이기도 하다. 기초가 튼튼하지 않으면 기둥을 세우거나 집을 지어도 쉽게 무너지기 마련이다.

쉐마는 '너희는 들으라!'라는 단어로 이스라엘 민족에게 여호와의 명령을 듣고 따르라는 의미를 담고 있다. 요점은 구약성경 신명기 6장으로 '전인격적으로 신을 사랑하라'라는 것이다.

이스라엘 사람들은 아이가 뱃속에 있을 때부터 대화를 시작한다. 하루에 적어도 세 번, 쉐마를 들려준다. 말을 배우기 시작하면 쉐마를 암송하도록 한다. 이미 머릿속에 새겨져 있는데도 하루에 몇 번을 암송하는지 모른다. 앉아 있을 때, 문밖으로 나설 때, 서서 길을 걸을 때, 손으로 무슨 일을 할 때, 머릿속으로 무슨 생각을 할 때…. 어떤 경우이든 모든 삶에서 이 명령을 기억하고 행동하라는 것이다.

쉐마는 모든 율법의 기초이고 신앙의 대상이 되는 여호와 하나님의 유일성에 대한 신앙고백이다. 쉐마로 형성된 개념은 자연스럽게 토라로 확장된다.

'토라'는 '인도하다.', '가르치다'라는 뜻을 가진 동사 '야라'에서 유래한 말로 종종 '사람의 가르침'을 의미하기도 하지만 일반적인 의미에서 '율법'을 가리키는 히브리어이다. 법령을 제정하여 공포하는 것과 같이 토라는 '선포하다'라는 성격이 짙다.

토라는 내용의 옳고 그름을 따지는 토론을 허락하지 않는다. 율법의 본문을 어떻게 해석하고 적용하는 것이 맞는지, 숨겨진 의미가 무엇인지 토의한다. 토라의 진리를 독학으로는 깨우칠 수 없다고 한다. 중요한 해석은 선별되어 특별한 교육을 받은 지도 자들의 몫이다.

쉐마가 나무의 '뿌리'에 비유한다면 '토라'는 나무의 '줄기'에 비유할 수 있다. 쉐마는 외우면서 마음속에 받아들이는 것이다. 토라는 율법에 대한 강의를 듣고 배우고 토론함으로써 내면화하는 것이다. 토라는 신에 대한 예배, 이웃과 사회 생활, 동물과 식물, 자연을 대하는 올바른 생각과 행동의 지침을 제공한다.

탈무드는 이스라엘 스승들의 전승을 모은 '지혜의 책'이다. 탈무드의 내용은 토라에 대한 전통적인 해석과 토라를 실생활에 어떻게 적용할 것인지에 대한 가르침으로 되어 있다. 토라의 정신을 담은 인간의 삶을 가르치는 책이 '탈무드'이다.

탈무드는 나무를 표현하는 '잎'과 같다. 꽃을 받치고 햇볕과 바람을 조절하여 좋은 열매를 맺게 한다. 잎이 없으면 겨울나무처럼 살아 있는 나무로서의 의미가 퇴색된다.

쉐마의 암기와 토라의 가르침이라는 기초 위에서 탈무드 하브루타가 이루어진다. 하브루타는 예시바라는 교육기관에서 탈무드를 가르치는 학습 방법에서 비롯되었다. 하브루타의 주제가 되는 탈무드는 인간의 삶에 대한 것이다. 탈무드의 세계에서 학습은 대인관계를 통해 일어난다.

탈무드는 세계 각지에 뿔뿔이 흩어져 있던 이스라엘 민족을 하나로 뭉치게 한 원동력이 되었다. 강제 이주(diaspora)를 통하여 민족의 흔적을 없애려 한 로마제국의 폭력을 무력화시킨 스승

(rabbi)들의 지혜를 집대성한 책이다.

나치의 무분별한 학살로 위기를 맞기도 했지만, 남겨진 문서로 온전히 복원되어 전 세계에서 보이지 않는 힘을 발휘하고 있다.

하브루타는 이스라엘 사람들의 문화이다. 하브루타는 지혜를 깨우치게 하는 이스라엘 사람들의 삶의 양식이다. 그들은 지식을 지혜의 편린이라 생각한다. 일상 하브루타를 통하여 생활에 필요한 지식으로 주제를 확대한다.

이스라엘의 어린이들이 받는 교육은 전인격적이다. 일상에 존재하는 자료를 풍부하게 사용한다. 지적 발달뿐만 아니라 사회적, 정서적, 영적 영역의 고른 발달을 추구한다. 다른 사람들과의 대화, 삶의 구체적 경험을 통해 학습하도록 돕는다. 삶의 경험이 쌓여가면서 학습의 폭도 자연스럽게 넓어진다.

하브루타는 특정한 교육 방법이 아니라 아이들의 성장 과정을 통하여 생활 속에 정착된 바람직한 습관이다.

이러한 배경을 가진 이스라엘 사람들의 하브루타를 '지식 교육'에 활용하기 위해 도입하려는 노력은 어리석어 보인다. 하브루타는 교육 방법이 아니기 때문이다. 우리나라에 도입하려는 하브루타의 바탕이 무엇인지 궁금하다.

실용주의 교육이 등장하면서 모든 가치 판단 기준을 경제적 관점으로 왜곡해 놓았다. 실용주의 교육은 '홍익인간'이라는 건국 이념을 무너뜨리는 시발점이 되었다.

모든 사람에게 널리 이로운 일이라도 나에게 손해가 되면 나와는 무관한 일이다. 아이들은 자신의 이익을 최우선 과제로 생각하고 공부하게 되었다. 인성교육의 근본을 흔들어 놓은 사건이라 할 수 있다.

이스라엘의 랍비들이 학습보다 '배움의 의미'를 찾는 것이 중요하다고 강조하는 것과 대조적이다. 그들은 '실천하기 위해 배운다'라고 말한다. 하브루타 도입이 우리나라 교육의 올바른 의미를 복원하는 출발점이 되기를 기대한다.

4차 산업혁명 시대의 중요한 인재상으로 창의성을 강조하고 있다. 기대와는 별개로, 우리나라에서는 자녀의 지식이나 창의성을 높이기 위한 '실용적' 목적으로 하브루타를 활용하기 시작했다. 유대인의 창의성이 하브루타에서 비롯되었다고 생각하기 때문이다.

과연 실용적 목적의 하브루타가 우리나라에 정착할 수 있을까?

하브루타는 상대방에 대한 존중, 경청하는 태도, 상대 입장에 대한 배려 등을 바탕으로 하기에 바른 인성을 갖추어야 가능하다. 인성, 창의성, 실력이라는 세 마리 토끼를 잡기 위해 하브루타를 활용하려다 보니 다양한 양상을 보이게 되었다.

하브루타를 학습 방법으로 응용한 그룹은 성과에만 열을 올리고 있다. 문화적인 접근을 꾀한 그룹은 이스라엘 문화와 우리나라 문화의 이질성으로 한계에 도달하게 되었다. 본질적인 연구가 이루어지기도 전에 성급하게 하브루타를 도입한 결과이다.

우리나라의 하브루타는 아직 도입 단계이다. 다행인 것은 하브루타의 본질에 접근하기 위한 다양한 시도가 이루어지고 있다는 점이다. 우리나라에서도 하브루타를 교육 방법이 아니라 가정과 학교의 문화로 자리매김하기 위해 노력하는 실천가들이 늘고 있다.

하브루타가 가정과 교육기관의 문화로 정착하려면 무엇을 어떻게 해야 좋을까?

'짝을 지어 질문하고 대화하며 토론하는 학습법'이라는 교육 방법론으로 접근하지 말아야 한다. 하브루타는 특별한 교육 방법이 아니라 사랑과 관심이라는 생각을 먼저 가져야 한다.

이스라엘 사람들이 삶속에서 하브루타를 확장해나가는 것처럼 일상 생활 속에 정착되어야 효과를 거둘 수 있다.

단지 지식을 가르치기 위해 하브루타를 도입하는 것은 실패할 것이다. 근본적인 정신으로 돌아가지 않으면 결코 성공할 수 없다. 하브루타는 일상 생활 속에서 체득해 가야 하며, 삶 전체가 하브루타여야 한다.

하브루타는 본래 우정(friendship)이나 교제(companionship)를 뜻한다. 하브루타는 누가 파트너가 되느냐에 따라 교육의 성과가 달라진다. 파트너 선정부터 주제 접근 방법까지 철저한 이해가 필요하다.

유아 하브루타가 제대로 이뤄지기 위해서는 반드시 갖춰야 할 조건이 있다. 유아, 부모, 교사가 함께 공감해야 한다는 것이다. 유아, 부모, 교사가 같은 방향으로 주제를 이해해야 진정한 교육이 이루어질 수 있다.

유아 하브루타의 파트너는 공감능력을 갖춘 부모와 교사가 되어야 한다. 그중에서 아이와 가장 많은 시간을 함께 보내는 부모의 영향이 절대적이다. 그러므로 하브루타의 핵심적인 역할은 부모가 담당해야 한다. 무엇보다 가정의 하브루타가 중요하다.

아이들에게 부모는 최고의 교사이다. 진심으로 아이들을 가르치고 싶은 파트너로는 부모가 으뜸이다. 교사가 아무리 노력해도 부모의 진심을 따라잡을 수 없다.

몇 번의 하브루타로 아이들은 바뀌지 않는다. 적어도 매주 정해진 시간마다 반복해야 상당한 효과를 거둘 수 있다.

부모들이여, 아이가 바뀌기를 바란다면 꾸준히 하브루타를 하라. 하브루타를 하다 보면 부모의 삶도 바뀐다. 자신부터 바뀌어야 아이가 바뀐다. 어떤 교육이라도 삶으로 모범을 보이지 않으면 효과가 미미하다는 사실을 명심해야 한다.

탈무드를 성문화한 왕자, 랍비 유다는 “교사에게서 많은 것을, 친구로부터 더 많은 것을, 제자로부터 가장 많은 것을 배웠다”라고 고백했다. 부모, 교사는 하브루타를 통해 아이들에게 배울 점이 너무도 많다.